拒绝业余

逆袭吧，PPT菜鸟——
PPT这样用才专业

张长胜　编著

中国青年出版社

图书在版编目（CIP）数据

拒绝业余：逆袭吧，PPT菜鸟：PPT这样用才专业/张长胜编著
. -- 北京：中国青年出版社，2020.1
ISBN 978-7-5153-5777-5

I.①拒… II.①张… III.图形软件 IV.①TP391.412

中国版本图书馆CIP数据核字（2019）第188945号

策划编辑　张　鹏
责任编辑　张　军
封面设计　乌　兰

拒绝业余：逆袭吧，PPT菜鸟——PPT这样用才专业
张长胜／编著

出版发行：中国青年出版社
地　　址：北京市东四十二条21号
邮政编码：100708
电　　话：（010）50856188／50856189
传　　真：（010）50856111
企　　划：北京中青雄狮数码传媒科技有限公司
印　　刷：北京瑞禾彩色印刷有限公司
开　　本：787 x 1092 1/16
印　　张：18.5
版　　次：2020年1月北京第1版
印　　次：2020年1月第1次印刷
书　　号：ISBN 978-7-5153-5777-5
定　　价：69.90元
（附赠语音视频教学+同步案例文件+实用办公模版+PDF电子书+快捷键汇总表）

本书如有印装质量等问题，请与本社联系
电话：（010）50856188／50856189
读者来信：reader@cypmedia.com
投稿邮箱：author@cypmedia.com
如有其他问题请访问我们的网站：http://www.cypmedia.com

前　言

　　职场新人小蔡由于对PPT演示文稿设计学艺不精，再加上有一个对工作要求尽善尽美的领导，"菜鸟"小蔡工作起来就比较"悲催"了。幸运的是，小蔡遇到了热情善良、为人朴实的"暖男"先生，在"暖男"先生不厌其烦地帮助下，小蔡慢慢从一个职场菜鸟逆袭为让领导刮目相看并委以重任的职场"精英人士"。

　　本书作者将多年工作和培训中遇到的学生和读者常犯的错误、常用的低效做法收集整理，形成一套"纠错"课程，以"菜鸟"小蔡在工作中遇到的各种问题为主线，通过"暖男"先生的指点，使小蔡对使用PPT进行文字设计、图片应用、数据展示、图形应用、动画应用以及幻灯片播放有了很大了解，并对一套完整演示文稿的封面页、目录页、转场页和结尾页的设计要点进行介绍。内容上主要包括PPT幻灯片设计的错误思路和正确思路、幻灯片设计和效果展示的低效方法和高效方法，并且在每个案例开头采用"菜鸟效果"和"逆袭效果"展示，通过两张图片对比，让读者一目了然，通过优化方法的介绍，提高读者的幻灯片设计水平。每个任务结束后，会以"高效办公"的形式，对PPT的一些快捷操作方法进行讲解，帮助读者进一步提升操作能力。此外，还会以"菜鸟加油站"的形式，对应用PPT进行幻灯片设计时的一些"热点"功能进行介绍，让读者学起来更系统。

　　本书在内容上并不注重技法高深，而注重技术的实用性，所选取的"菜鸟效果"都是很多读者使用PPT时的通病，具有很强的代表性和典型性。通过"菜鸟效果"和"逆袭效果"的操作对比，读者可以直观地感受到幻灯片设计高效方法立竿见影的功效，感受到应用PPT高效与低效方法的巨大反差，提高读者的演示文稿设计水平和工作效率。本书由淄博职业学院张长胜老师编写，全书共计约44万字，内容符合读者需求，覆盖PPT演示文稿设计中的常见误区，贴合读者的工作实际，非常有利于读者快速提高PPT设计水平。

　　本书在设计形式上，着重凸显"极简"的特点，便于读者利用零碎时间学习。不仅案例简洁明了，还将通过二维码向读者提供视频教学，视频时长控制在每个案例3-5分钟，便于读者快速学习。此外，读者还可以关注"未蓝文化"微信公众号，回复"PPT逆袭"关键字，获取更多本书的学习资源。

　　本书将献给各行各业正在努力奋斗的"菜鸟"们，祝愿大家通过不懈努力，早日迎来属于自己的职场春天。

"暖男"先生

本书阅读方法

在本书中，"菜鸟"小蔡是一个刚入职不久的职场新人。工作中，上司是一个做事认真、对工作要求尽善尽美的"厉厉哥"。每次，小蔡在完成厉厉哥交代的工作后，严厉的厉厉哥总是不满意，觉得还可以做得更完美。本书的写作思路是厉厉哥提出【工作要求】—新人小蔡做出【菜鸟效果】—经过"暖男"先生的【指点】—得到【逆袭效果】，之后再对【逆袭效果】的实现过程进行详细讲解。

人物介绍

小蔡

职场新人，工作认真努力，但对使用PPT进行幻灯片设计学艺不精。后来，通过"暖男"先生的耐心指点，加上自己的勤奋好学，慢慢从一个职场菜鸟逆袭为让领导刮目相看并委以重任的职场"精英人士"。

厉厉哥

部门主管，严肃认真，对工作要求尽善尽美。面对新入职助理小蔡做出的各种文案感到不满意，但对下属的不断进步，看在眼里，并给予肯定。

"暖男"先生

小蔡的"救星"，一个热情、善良、乐于助人、做事严谨的Office培训讲师，一直致力于推广最具实用价值的Office办公技巧，为小蔡在职场上的快速成长，提供了非常大的帮助。

本书构成

问题及方法展示：

厉厉哥交代的工作任务

"逆袭效果"实现概述

"暖男"对"菜鸟效果"原因进行分析

"菜鸟效果"展示

"暖男"对"逆袭效果"进行点评

"逆袭效果"展示

【逆袭效果】实现过程详解：

对任务完成过程的详细操作进行介绍

效果实现过程将通过二维码向读者提供视频教学

对各种设计元素的高效操作方法进行讲解，提高工作效率

对演示文稿设计中的一些"热点"功能进行介绍，让读者学起来更系统

本书学习流程

本书包括PPT文字设计、图片的应用、表格的活用、图形的应用、完整演示文稿的制作以及动画和幻灯片放映7个组成部分，分别对商业融资计划书封面标题的设计、手机广告宣传语段落文本的设计、公司出游幻灯片图片拼贴效果的设计、车间生产总量的展示、各店面销售数据的展示、企业组织架构图的展示以及一份完整演示文稿封面、目录页、转场页、结尾页的

【文字也可以被设计】

 封面标题文字的制作

 手机广告宣传语段落文本的制作

 在培训类演示文稿中使用形状划分段落文本

 用项目符号使营销策划演示文稿的文本更清晰

 提取段落中重要文本制作简洁幻灯片

【图片要这么用】

 使用图片代替文本展示数据统计分析

 利用全图型幻灯片制作春季运动会海报

 制作图文混排的员工培训幻灯片

 利用图片拼贴效果制作员工出游幻灯片

【表格的活用】

 使用表格展示数据

 对表格中的数据进行分析

 动态分析表格中的数据

设计要点等进行了详细介绍，并对幻灯片播放时的动画设计和播放技巧进行讲解。在介绍幻灯片制作中各种设计技巧的同时，对设计PPT演示文稿时的错误思路和正确思路、低效方法和高效方法，以及优化方法的介绍，非常有利于读者快速提高PPT设计水平。

【 图表的妙用 】

 使用柱形图展示车间生产总量数据

 使用饼图展示产品销售数据

 使用复合饼图展示各店面销售数据

 使用柱形图展示各车间年度生产增长情况

【 用好图形很关键 】

 使用形状为全图型幻灯片中的图片添加蒙版

 使用形状展示组织结构图

【 教你制作完整的演示文稿 】

 企业宣传演示文稿封面的设计

 企业宣传演示文稿目录页的设计

 企业宣传演示文稿转场页的设计

 企业宣传演示文稿结尾页的设计

【 你不知道的动画和幻灯片放映设置 】

 在企业宣传演示文稿中添加动画效果

 播放企业宣传演示文稿

Contents

文字也可以被设计

封面标题文字的制作 18

手机广告宣传语段落文本的制作 30

在培训类演示文稿中使用形状划分段落文本 38

图片要这么用

表格的活用

图 表 的 妙 用

用好图形很关键

教你制作完整的演示文稿

你不知道的动画和幻灯片放映设置

PPT 办公实用技巧 Tips 大索引

PPT 办公实用技巧 Tips 大索引

文字也可以被设计

PowerPoint是微软公司最新发布的Office办公软件的重要组成部分，广泛应用于广告宣传、产品演示、学术交流、演讲、工作汇报、辅助教学等众多领域。在制作PPT演示文稿时，文字是最重要的元素，不仅可以清晰地说明观点，也可以在视觉上起到美化演示文稿的作用。使用文字向受众展示观点时，一定要清晰、有条理，而且要简洁明了。本章主要介绍文本、段落文本的设计，如文本的格式设置、段落的格式设置、项目符号的应用以及各种形状的使用等。

文字也可以
被设计

封面标题文字的制作

年底将至，企业决定为来年的融资作好准备，所以需要制作商业融资计划书。为了能够吸引融资者的注意力，首先要将融资计划书的封面制作得精美，而且要突出主题。首先需要以图片作为背景，然后输入标题文本并进行适当的美化，最后再进行排版。小蔡能根据这些要求，设计出美观的商业融资计划书封面吗？

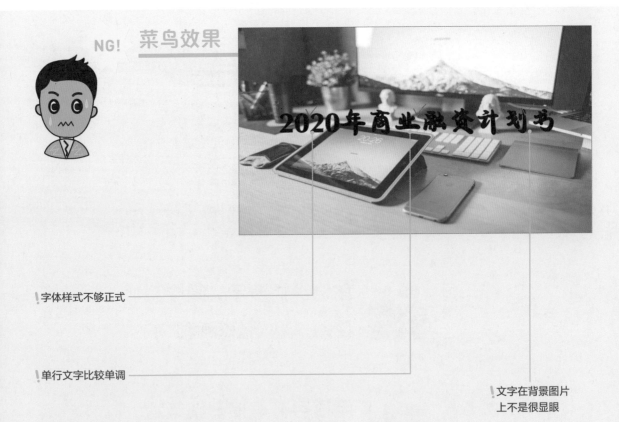

NG! 菜鸟效果

2020年商业融资计划书

字体样式不够正式

单行文字比较单调

文字在背景图片
上不是很显眼

小蔡在制作商业融资计划书封面时，所选用的全图背景，使计划书严肃而不失美观。但是他在制作标题文字时，字体样式不够正式，没有严肃的商业感；其次所有文字在同一行显示，单调无味；最后在图片作为背景的幻灯片中直接输入标题文本，不能很好地突出标题。

MISSION!
1

在使用PowerPoint制作演示文稿时，文字是必不可少的元素之一。使用文字可以更加直接鲜明地突出主题，而且如果能够很好地应用文字，还能起到美化演示文稿的作用。在使用文字时，可以根据需要使用少量文字，也可以使用大量的段落文字，但是必须要简明扼要，突出主题。为了突出文字和整体页面的美观，经常需要搭配图片、图形等元素使用。

10%

30%

逆袭效果 OK!

2020
商业融资计划书
BUSINESS FINANCING PLAN

对文字分行显示，并添加修饰元素

50%

80%

100%

设置标题为商业化的
字体样式，比较正式

为文字添加形状，
以突出标题文字

小蔡对商业融资计划书进行了重新设计，他吸取之前制作封面时的不足之处，首先将标题文本的字体设置为比较正式的文体效果，看起来比较严谨；将标题文本分行显示，并设置不同的颜色，结合修饰小元素，使标题严肃不失美观；最后为标题文本添加矩形形状以突出标题文本，可以让观众得到完整明了的视觉效果。

Point 1 新建幻灯片

在制作幻灯片之前，需要新建演示文稿。演示文稿通常是由多张幻灯片组成的，因此我们需要掌握幻灯片的选择、添加和复制等操作，下面将介绍幻灯片的一些基本操作。

1

启动PowerPoint 2019，在软件开始面板中显示了最近使用的文档和程序自带的模板缩略图，此时按下Enter键或直接选择"空白演示文稿"选项，即可新建空白演示文稿。

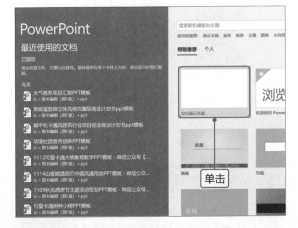

2

用户也可以打开PowerPoint后，单击"文件"标签，选择"新建"选项，在右侧面板中选择"空白演示文稿"选项，新建空白的演示文稿。

Tips **使用快捷键新建演示文稿**

打开PowerPoint后，用户可以直接按下Ctrl+N组合键，快速创建一个空白演示文稿。

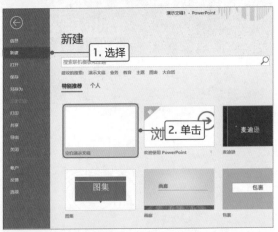

3

默认新建的演示文稿通常只含有一张幻灯片，用户可以根据实际需要添加幻灯片。即选择演示文稿中的第1张幻灯片，切换至"开始"选项卡，在"幻灯片"选项组中单击"新建幻灯片"按钮。

4

此时，系统将在选择的幻灯片后自动插入一张默认版式的幻灯片。

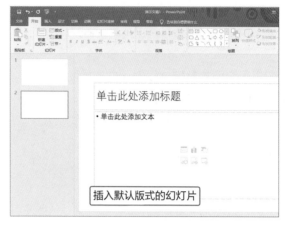

5

将光标定位到"单击此处添加标题"文本框中，输入幻灯片的标题文本"2020商业融资计划书"。此时，在左侧的幻灯片缩略图中也显示相关的文本

Tips 快速新建幻灯片

用户可以在"幻灯片"选项组中单击"新建幻灯片"下三角按钮，在打开的下拉列表中选择合适的幻灯片版式，如选择"两栏内容"选项。即可插入新的幻灯片，而且新幻灯片应用选中的版式。

在PowerPoint 2019中"新建幻灯片"列表中包含11种版式，分别为标题幻灯片、标题和内容、节标题、两栏内容、比较、仅标题、空白、内容与标题、图片与标题、标题和竖排文字、竖排标题与文本。这11种版式基本上可以满足对幻灯片的基本应用。

如果用户需要更改已有幻灯片的版式，可以选中该幻灯片，单击"幻灯片"选项组中"版式"下三角按钮，在列表中选择合适的版式。

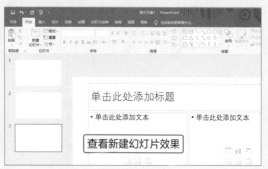

Point **2** 设置文本格式

在演示文稿的制作过程中，文本是设计最基本的元素之一。文本可以起到突出主题、直观介绍设计者的用意等作用，设计一定要合理，符合幻灯片主题。下面介绍在演示文稿中设置文本格式的操作方法。

1

在第2张幻灯片的内容文本框中输入相关英文，然后适当调整标题文本框和内容文本框的大小。选择标题文本框，切换至"开始"选项卡，单击"字体"选项组中"字体"下三角按钮，在列表中选择"微软雅黑"字体。

2

返回演示文稿中，可见文字之间比较紧凑，还需要适当设置字符间距。保持标题文本框为选中状态，单击"字体"选项组中"字符间距"下三角按钮，在列表中选择"其他间距"选项。用户也可以选择其他相关的选项。

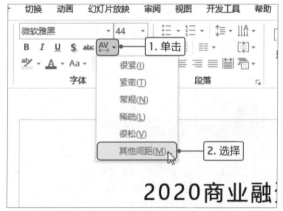

3

打开"字体"对话框，在"字符间距"选项卡中单击"间距"下三角按钮，在列表中选择"加宽"选项，再设置"度量值"为2磅，最后单击"确定"按钮。

 Tips 设置字体字号的注意事项

在设置文本的字体或字号前必须先选择文本，否则所有操作只对当前文本插入点所在位置处的字符起作用。

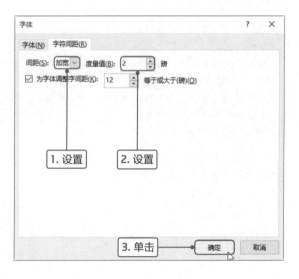

4

将光标定位在2020右侧，按Enter键将右侧文本换至下一行。将标题文本框中文本加粗显示，然后设置2020的字号为80、其他标题文本字号为60。

5

标题文本的格式设置完成后，接着再设置内容文本框中的英文格式。选择内容文本框，在"字体"选项组中设置字体为Arial Narrow，设置字号为32。

![头像] **Tips　在浮动面板中设置字体格式**

在PowerPoint 2019中，选中文本，将自动打开字体格式设置浮动面板，用户可根据需要快速对文本进行字体、字号、颜色及效果等设置。

6

移动英文文本的文本框，使其在标题文本下方，并靠左对齐。然后调整文本的大小和标题文本的宽度差不多。选择英文文本，切换至"开始"选项卡，单击"段落"选项组中"分散对齐"按钮，此时英文会分散在文本框中左右对齐。

![头像] **Tips　设置两个文本框的对齐方式**

在本案例中需要设置两个文本左对齐，用户可以使用手动拖曳文本框，依照参考线进行对齐。也可以通过相关命令设置对齐方式，即选择两个文本框，切换至"绘图工具-格式"选项卡，单击"排列"选项组中"对齐"下三角按钮，在列表中选择"左对齐"选项即可。

Point 3 插入图片

在演示文稿制作过程中，图片和图形是装饰PPT版面的核心元素之一，灵活地利用它们，能给幻灯片带来更丰富的视觉效果，能让幻灯片显示效果更精彩。下面介绍在演示文稿中插入图片并对图片进行简单调整的操作方法。

1

在本案例中制作封面时，将采用全图的方法，所以需要插入一张图片。首先在演示文稿中选择第2张幻灯片，切换至"插入"选项卡，在"图像"选项组中单击"图片"按钮。

2

打开"插入图片"对话框，在地址栏中选择素材文件图片所在位置，然后选择要插入的图片，如"办公桌面.png"图片，单击"插入"按钮。

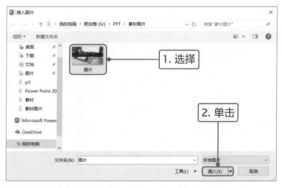

3

返回演示文稿中，即可在第2张幻灯片中插入选中的图片。调整图片四个角的控制点，使图片充满整个页面，并覆盖所有的文本信息。选中插入的图片，在功能区将显示"图片工具–格式"选项卡。

4

选择插入的图片，切换至"图片工具-格式"选项卡，在"排列"选项组中单击"下移一层"下三角按钮，在下拉列表中选择"置于底层"选项。

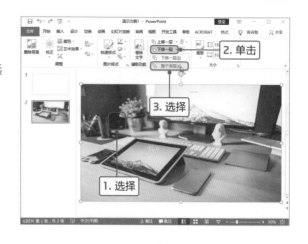

Tips　图片的位置因作用而异

在安排幻灯片中图片位置时，需要按照图片的作用，将其放在合适的位置，如果图片是主要内容，则需要放在中间位置，如右图所示。如果图片是次要内容，仅仅作为装饰，则放在角落。

5

操作完成后，位于图片下方的文本框将显示在图片的上方，而图片位于该页面所有元素的最下方。

Tips　设置图片的艺术效果

在PowerPoint中，用户可以将艺术效果应用于图片，使其更像是草图或油画效果，从而增加艺术氛围。选择图片，切换至"图片工具-格式"选项卡，单击"调整"选项组中"艺术效果"下三角按钮，在列表中选择合适的艺术效果选项，即可将所选的艺术效果应用到图片上。

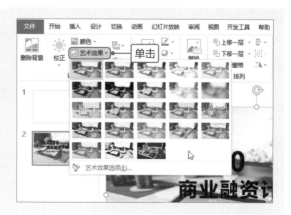

Point**4** 添加形状突出显示文本

在制作全图型幻灯片时，图片的吸引力比较大，这时浏览者很难关注到文本内容，所以需要将文本突出显示出来。在本案例中，将采用添加形状作为文本的底纹以突出文本。

1

切换至"插入"选项卡，单击"插图"选项组中"形状"下三角按钮，在列表中选择"矩形"形状选项。

2

当光标变为黑色十字形状时，在幻灯片中绘制宽度和页面宽度相同，并能覆盖住文本框的矩形。在绘制过程时，矩形为透明状态，可以查看矩形下方的内容，释放鼠标左键即可完成矩形的绘制。

3

在PowerPoint中绘制的形状默认情况下是蓝色填充、深蓝色边框，用户也可以根据需要对添加的形状进行设置。选择插入的矩形形状，切换至"绘图工具-格式"选项卡，在"形状样式"选项组中单击"形状轮廓"下三角按钮，在列表中选择"无轮廓"选项。

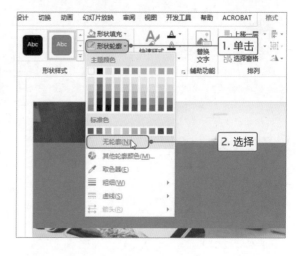

4

然后单击"形状样式"选项组中"形状填充"下三角按钮，在列表中选择颜色为"黑色"，则选中的矩形形状填充了黑色。

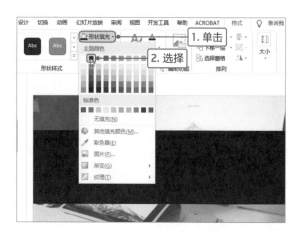

5

保持矩形形状为选中状态，单击"形状样式"选项组的对话框启动器按钮，打开"设置形状格式"导航窗格。在"填充"选项区域中设置"透明度"为40%。则透过矩形可以看到下方的文本和图片。

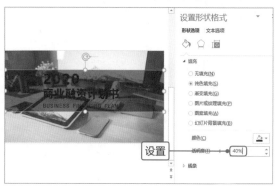

6

接着需要设置矩形的层次，使其位于图片上方、两个文本框的下方。选中矩形形状，切换至"绘图工具–格式"选项卡，单击两次"排列"选项组中"下移一层"按钮。

7

将两个文本框向右侧移动，在其左侧添加直线形状，即绘制3条垂直直线和1条水平直线。

8

选中绘制的4条直线，切换至"绘图工具-格式"选项卡，单击"排列"选项组中"对齐"下三角按钮，在下拉列表中选择"底端对齐"选项。

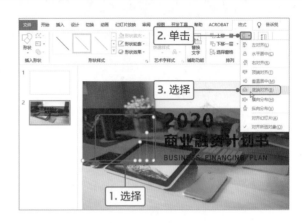

9

保持4条直线为选中状态，单击"形状样式"选项组中"形状轮廓"下三角按钮，在列表中选择"粗线＞2.25磅"选项，将线条设置得稍微宽点。

10

然后将水平线条的轮廓颜色设置为灰色，再分别设置3条垂直线条为不同的颜色。这4条线条起到修饰作用，可以进一步点缀文本并使其左右平衡。

添加线条形状

11

矩形的颜色为黑色半透明，所以为了突出文本，还需要设置文本的颜色。将2020设置文本颜色为白色，其他文本颜色设置为浅灰色，即可突出文本。根据页面整体需要适当调整文字格式以及形状大小等，并适当移动除图片外所有元素的位置。

查看最终效果

平面形态的基本要素

平面形态的基本要素——点、线、面和体在设计学中起巨大的作用。由于每个人的个性与心理状态不同以及文化素养的差异，点、线、面和体会呈现出千姿百态的变化形式。点、线、面和体的显著特点就是相对性。极细小的形象就是点，极狭长的形象就是线，而形成一定量感的点或线就是面，面的转折就形成了体。

点的形状可以随心所欲，因为点具有相对性，当一万吨巨轮停在身边时，它是一个巨大的体面，而当它在远洋中漂泊时，却成为海面上的一个点。因此，对于点与线、点与面的区分没有具体的标准，只依赖于它与其他造型因素相对比后产生的效果来判断。

下左图为站在海边观察远处的帆船，因为对比的关系，帆船就是一个点。而当帆船慢慢驶近时，就由点慢慢变为巨大的面，如下右图所示。

在平面设计中，点有如下特性：

- 就其面积的大小与形状的不同而言，越小的点，点的感觉越强；越大的点，则越有面的感觉，同时点的感觉越显得弱。但是，点的面积如果越小，越发难以辨认，其存在感也就越弱。同样，轮廓不清或中空的点，其特性也会显得较弱。
- 从点与形的关系看，以圆点最为有利，即使形状较大，在不少情况下仍然会是点的感觉。

在平面上应用的点具有表明位置的特点，点在视线的作用中具有求心的紧张性。当画面只有一个点的时候，人们的视线会集中在这个点上，如下左图所示。而当画面有两个大小不同的点时，人们的视线就在两点间移动，如下中图所示。人们观察这样两个点时往往依据大到小、近到远、实到虚的顺序进行视点移动；而面对具有相等力度的两点时，人们的视线就会反复于两点之间，出现线的感受；当有三个以上的点时，人们的视线就会在三点之间运动，同时出现面的感觉，如下右图所示。

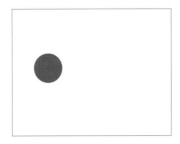 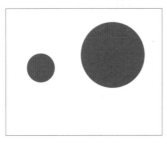 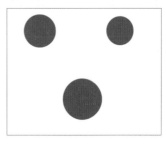

文字也可以
被设计

手机广告宣传语段落文本的制作

上半年的产品发布，让公司无论是从知名度还是销售业绩上，都取得了大幅度的提升。眼下公司又有一个新产品需要推向市场，小蔡负责制作此次"产品发布"演示文稿。公司以前制作过许多不同类型的产品发布，可以参考找点灵感。此次新品主要体现出手机的音乐功能之强大，如歌单之多、效果优质等，还需要突出手机低功耗、各种配置优良等优点。小蔡需要多花点精力好好制作这次的新品发布演示文稿。

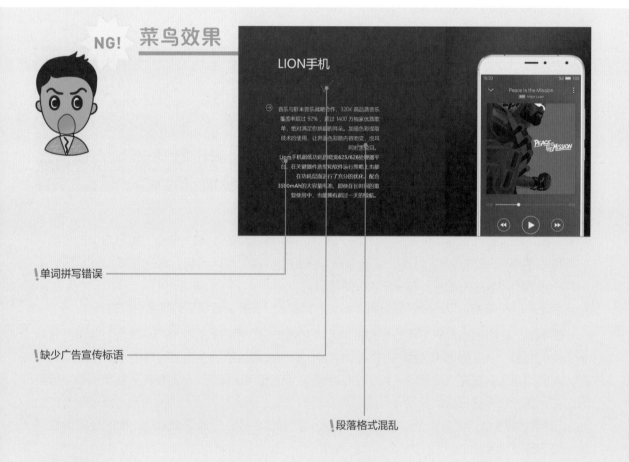

NG! 菜鸟效果

!单词拼写错误

!缺少广告宣传标语

!段落格式混乱

小蔡在设计产品发布PPT演示文稿时，由于疏忽或时间紧迫等原因，出现了一些拼写和语法上的错误，缺乏文本信息的准确度，并且段落格式混乱，没有条理性；并且，没有突出产品性能特点，缺少吸引受众眼球的东西。

MISSION!
2

文本是幻灯片中必不可少的元素，也是幻灯片中使用最多的对象。在制作幻灯片的过程中，根据输入和格式化文本的需要，PowerPoint提供了许多实用的技巧。在本案例讲解产品发布演示文稿的设计制作时，介绍了插入文本框片、设置段落格式和解决拼写与语法错误问题等知识。在幻灯片中使用文字时，还需要注意文本层次要清晰，合理应用各种字体效果。

10%

30%

逆袭效果 OK!

LION手机
更细腻的动态细节

音乐与虾米音乐战略合作，320K高品质音乐覆盖率超过92%，超过1400万独家优质歌单，绝对满足你挑剔的耳朵。加强色彩提取技术的使用，让界面色彩随内容而变，悦耳同时更悦目。

Lion手机超低功耗的骁龙625、626处理器平台，在关键器件选型和软件运行策略上也都在功耗层面进行了充分的优化。配合3500mAh的大容量电池，即使在长时间的重复使用中，也能拥有超过一天的续航。

50%

80%

100%

段落格式清晰明了

改正单词
拼写错误

插入产品宣传语，体现产品的特性

小蔡对产品发布演示文稿进行了重新设计，认真检查数据，提高了信息输入的准确度；通过为文本设置不同的段落格式，对段落格式进行了重新调整，使演示文稿的页面更加清晰；最后，对产品的性能进行了重点说明，突出产品特点，从视觉营销上吸引受众的眼球。

Point 1 绘制文本框并输入文字

幻灯片中默认的文本占位符是一种特殊的文本框，它们的位置是固定的，若想要灵活地使用文本框，用户可以自行绘制文本框并输入文本。下面介绍绘制文本框的具体操作方法。

1

首先打开"产品发布.pptx"演示文稿，然后切换到"插入"选项卡，单击"文本"选项组中的"文本框"下三角按钮。

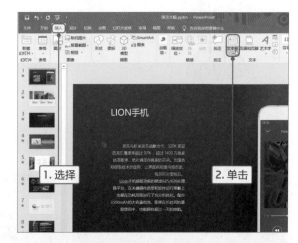

2

在"文本框"下拉列表中选择"横排文本框"选项。

Tips 绘制所需的文本框

文本框包括横排文本框和竖排文本框两种，用户可以根据实际需要在制作幻灯片的过程中绘制任意大小和方向的文本框。

3

将光标移动到需要绘制文本框的位置并单击，然后按住鼠标左键不放并拖动，此时将出现一个灰色的线框，释放鼠标即可完成文本框的绘制。

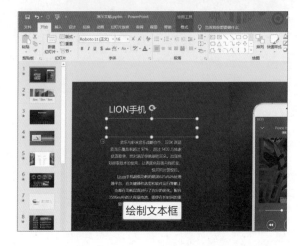

4

此时文本插入点自动定位到绘制的文本框中，切换到所需的输入法，输入文本即可。此处输入"更细腻的动态细节"文本。

5

选中输入的文本，切换至"开始"选项卡，在"字体"选项组中设置文本的字体、字号。

 Tips **绘制竖排文本框**

绘制文本框时，单击"插入"选项卡下"文本"选项组中的"文本框"下三角按钮，在列表中选择"竖排文本框"选项，绘制文本框后，在其中输入文本时，文字将从右往左竖直排列。当第一列文本输入完成后，按Enter键，光标将定位到左侧第二列中，然后继续输入相关的文本即可。

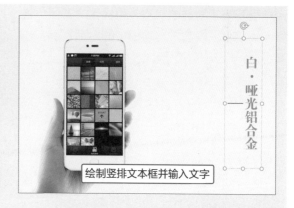

绘制竖排文本框并输入文字

查看竖排文本框效果

Point **2** 设置段落格式

输入文本内容后，用户还需对文本进行相应的美化操作，如有条理地分隔段落或添加行间距和段间距，即可将一整段拥挤的文本变得条理清晰。下面将介绍设置段落格式的操作方法。

1

在演示文稿中如果需要对文本或段落进行设置，首先要选中文本。用户可以选择文本框，也可将光标定位在文本形状中按住鼠标左键不放并向右拖曳，选中整段段落文本后释放鼠标。

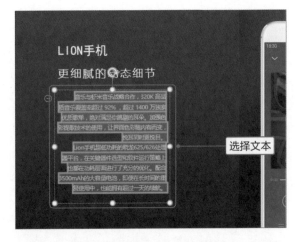

2

保持段落文本的选中状态，切换到"开始"选项卡，单击"段落"选项组中的对话框启动器按钮。

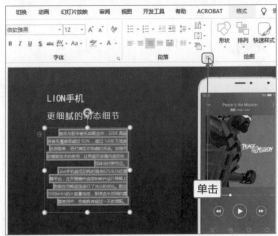

3

打开"段落"对话框，在"常规"选项区域中单击"对齐方式"右侧下拉按钮，选择"左对齐"选项；在"缩进"选项区域单击"特殊"右侧下拉按钮，选择"首行"选项；在"间距"选项区域中设置"行距"为"1.5倍行距"，单击"确定"按钮。

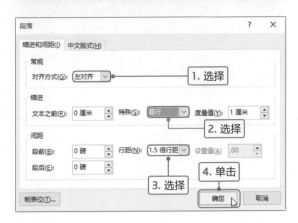

Point 3 设置拼写检查

在制作演示文稿的过程中，像版面不协调、字体格式搭配不当等错误比较容易发现，也能及时更改。但像输入错误的文字这类细微的错误就不那么容易发现了，所以在演示文稿制作完成后还需要对其进行语法和拼写的检查，下面介绍具体操作步骤。

1

首先单击"文件"标签，选择"选项"选项，将弹出"PowerPoint选项"对话框。

2

在弹出的"PowerPoint选项"对话框中选择左侧列表框中的"校对"选项，将打开"校对"面板。

3

在"校对"面板中勾选"忽略包含数字的单词"和"键入时检查拼写"复选框，完成设置后单击"确定"按钮。再键入文本时，PowerPoint就可以自动检查拼写和语法错误了。

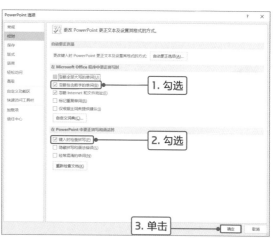

35

4

设置完成后返回演示文稿中，可以看到有的文本出现红色波浪下划线的标识，提示用户该文字可能存在拼写问题。

5

选中标有红色下划线的文本，然后切换到"审阅"选项卡，单击"校对"选项组中的"拼写检查"按钮。

6

打开"拼写检查"导航窗格，在列表中选择Lion选项，然后单击"更改"按钮，即可对错误的文本进行校正。如果需要忽略此错误，则单击"忽略"按钮即可。

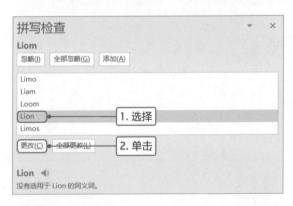

Tips　快速拼写检查

用户可以选中标有错误的文字，然后单击鼠标右键，在弹出的快捷菜单中选择想要替换的单词，即可将错误的单词替换为正确的单词。

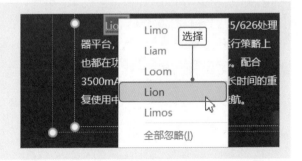

设计主题与风格的统一

任何幻灯片的制作都要依据主题决定其风格和形式。因为只有形式和内容的完美统一，才能达到理想的宣传效果。目前，幻灯片的制作风靡各个领域，在幻灯片的风格制定过程中，不仅要突出该幻灯片的具体主题，还要能够反映出该领域的特色。例如：

- 政府部门的幻灯片风格一般比较庄重。
- 娱乐行业的幻灯片可以活泼生动一些。
- 文化教育部门的幻灯片风格应该高雅大方。
- 商务方面的幻灯片则可以贴近民俗，使大众喜闻乐见。

当然，在具体的设计过程中，还应该做一些细节调整。其设计风格的形成依赖于具体版式设计、页面的色调处理以及图片与文字的组合形式等。

设计主题与风格的理解还是要在实际的设计中体会。而如何在设计中正确恰当地表达设计主题也不是一蹴而就、依据理论就可以达到预期效果。下面就苹果LALA服装插画的设计作品来做一个初步的讲解。

右图为苹果LALA服装插画。读者可以就画面所看到的信息以及"服装插画"这样的关键字提示来想想该插画所要表达的主题是什么。LALA服装插画的主体是右侧的画面，两个服装模特给人强烈的视觉印象（即人在看到画面时的第一视点），而图中的背景则是城市建筑。

单就主体而言，这是两个个性鲜明的模特，如下左图所示。其服装以黄色和红色的邻近色系和谐搭配为主，但由于其鲜艳度的对比，使得这样的色彩搭配颇见优雅，而她们的姿势和着装状态都昭示着两个字：庄重。

单就背景而言，除了应用似是而非的建筑体轮廓外，还采用了无彩色的色彩，即白一灰一黑的组合，如下右图所示。大面积偏黄昏的暗影配以大面积灰色的建筑，营造出都市夜生活的形象。

再次从整体上观察这幅画面，便不难理解它整体的配色方案。服装色彩是由主办方或者服装提供者所决定，而背景的色彩则是为了突出主题的色彩而决定的，当然与当今都市的风貌也不无关系。

文字也可以
被设计

在培训类演示文稿中
使用形状划分段落文本

企业会定期对员工进行各种培训，如企业制度培训、员工激励培训等。现在企业决定对员工进行激励培训，提高员工的工作积极性，需要制作关于"热情会让你变强"的相关演示文稿。该主题可以鼓励员工对生活、社交、工作投入更多的热情，但是介绍3种方法时，需要大量的文字作为介绍。这项工作还是由小蔡担任，在制作该页幻灯片时一定要突出主题，文字精练。

NG!　菜鸟效果

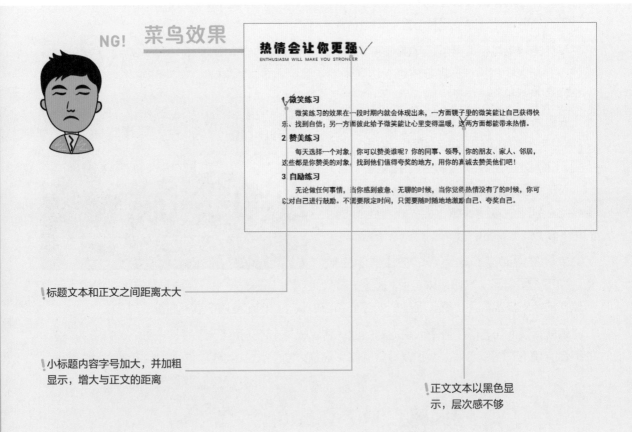

标题文本和正文之间距离太大

小标题内容字号加大，并加粗
显示，增大与正文的距离

正文文本以黑色显
示，层次感不够

小蔡在制作关于"热情会让你更强"的幻灯片时，标题文本离正文比较远，像是两者不相容；正文中的小标题加大字号并加粗显示，设置段前段后进行划分层次；正文内容以黑色字体显示，从而显得层次感不强。整张幻灯片看起来文本内容丰富，但是没有太多吸睛的点。

MISSION!

3

在制作演示文稿时，文本的应用随处可见，当需要使用段落文本时，如何让浏览者不产生厌倦、烦躁的感觉呢？大篇幅的文本肯定会给浏览者造成或多或少的压力，那么如何将这些段落文本进行合理地划分，尽量减少多数文本在一起的效果呢？此时，我们可以通过使用圆形、矩形或直线等形状来划分层次，最后再对文本的关键字进行美化设置。

10%

30%

逆袭效果　OK!

热情会让你更强
ENTHUSIASM WILL MAKE YOUR STRONGER

01

微笑练习
SMILE

微笑练习的效果在一段时期内就会体现出来，一方面镜子里的微笑能让自己获得快乐；另一方面彼此给予微笑能让心里变得温暖，这两方面都能带来热情。

02

赞美练习
PRAISE

每天选择一个对象，你可以赞美谁呢？你的同事、领导，你的朋友、家人、邻居，这些都是你赞美的对象，找到他们值得夸奖的地方，用你的真诚去赞美他们吧！

03

自励练习
SELF EXCITATION

无论做任何事情，当你感到疲惫、无聊的时候，当你觉得热情没有了的时候，你可以对自己进行鼓励，不需要限定时间，只需要随时随地地激励自己、夸奖自己。

未墨文化传播有限公司

在各部分文本之间添加线条

为标题文本添加矩形形状，并设置填充颜色

50%

80%

100%

设置标题和正文的格式，并添加数字文本

小蔡学习段落文本的设置方法后，对之前的幻灯片进行修改。在标题文本下方添加矩形形状，这样就不会因为与正文距离太大而有被孤立的感觉；将各部分文本按照统一格式设置，并且添加数字文本后，层次更清晰；在文本之间添加垂直线，使各部分文本更加清晰。

设置页面背景颜色

在PowerPoint中页面的默认颜色为白色，用户可以根据需要对页面设置不同的背景，如纯色、渐变色、纹理、图片或图案等。本案例将为页面设置浅灰色背景，下面介绍具体的操作方法。

1

打开PowerPoint应用程序，新建空白幻灯片，切换至"设计"选项卡，单击"自定义"选项组中"设置背景格式"按钮。

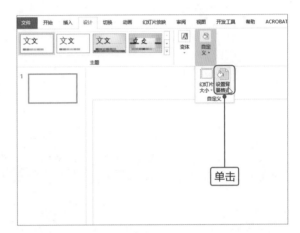

2

在演示文稿右侧打开"设置背景格式"导航窗格，在"填充"选项区域保持"纯色填充"单选按钮为选中状态。单击"颜色"下三角按钮，在列表中选择浅灰色，幻灯片即可应用选中的背景颜色。

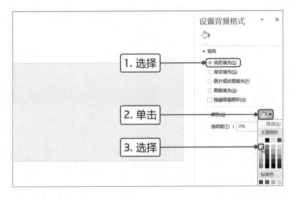

Tips **设置图片填充**

如果需要使用图片作为页面的背景，则在"设置背景格式"导航窗格中选中"图片或纹理填充"单选按钮，然后单击"文件"按钮。打开"插入图片"对话框，选择合适的图片，单击"插入"按钮即可。在该导航窗格中，可以设置图片的透明度，如果需要将图片背景应用到该演示文稿中所有幻灯片中，单击下方"应用到全部"按钮即可。

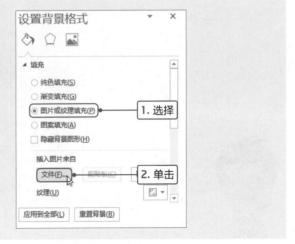

Point **2** 使用矩形形状修饰标题文本

在幻灯片中只对文本进行设置会显得太单调，如果添加华丽的图片，又会影响浏览者关注文本内容，使用简单的形状进行修饰是最好的选择。下面介绍具体的操作方法。

1

首先在页面的左上方输入标题文本，并设置字体的格式。然后在"插入"选项卡的"插图"选项组中单击"形状"下三角按钮，选择矩形形状。在页面的顶端绘制矩形。绘制的矩形覆盖在文本上方。

输入标题文本并绘制矩形

2

选择矩形形状，切换至"绘图工具–格式"选项卡，在"排列"选项组中单击两次"下移一层"按钮，即可显示标题文本。

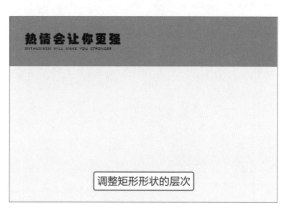

调整矩形形状的层次

Tips　**字体与幻灯片主题统一**

如今各式各样的新字体效果层出不穷，使人们越来越深刻地认识到，使用不同字体配合所要传递的信息，其效果更好，内容更贴切。

例如，在某些关于传统文化或传统节日的招贴设计中，常常用到毛笔书法字体，因为这样看上去更古朴，赋有传统韵味。

3

在"形状样式"选项组中单击"形状填充"下三角按钮，在列表中选择深蓝色颜色选项。单击"形状轮廓"下三角按钮，在列表中选择"无轮廓"选项。

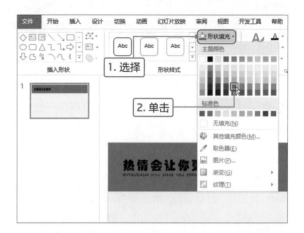

4

深蓝色的背景配上黑色的文本，文字的表现效果不是很理想，选择"热情会让你更强"文本，在"字体"选项卡中设置字体颜色为白色。选中英文文本，设置字体颜色为浅灰色。此处使用灰色字体颜色，不会影响主题文本的显示效果。

5

此时幻灯片的主题设计完成，但是幻灯片有点头重脚轻的感觉，所以在幻灯片的底部添加细长的矩形，并设置填充浅蓝色。然后右击底部矩形，选择"编辑文字"命令，然后输入相关文本，并设置字体格式和右对齐。

Tips 字体应用

在制作演示文稿时，并不是使用越花哨的字体，幻灯片的页面就美观、漂亮。一般情况下，演示文稿中最好不使用超过3种字体，而且不同场合使用不同的字体。严肃的场合不需要太花哨的字体，如制作政府会议、学术研讨等幻灯片；轻松的场合可以适当使用花哨的字体，这样形式会显得多样，浏览者会很喜欢，如招新串场、游戏等。

Point **3** 设计正文的段落文本

因为本幻灯片中文本内容比较多，可以先将文本分成几个大部分，然后再设计各部分的文本。在设置段落文本时，需要将该段的主题提炼出来，并加以设计，这样浏览者看到主题文本时就知道该段文本的大概含义了。下面介绍具体的操作方法。

1

首先，对第一部分"微笑练习"的相关文本进行设计。分别将标题和正文放在不同的文本框中，并添加相关英文文本框。

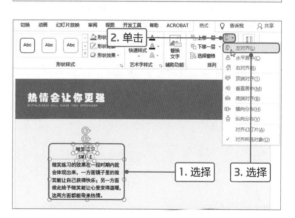

2

将英文文本框移到"微笑练习"文本框的下方，然后选择3个文本框，切换至"绘图工具-格式"选项卡，单击"排列"选项组中"对齐"下三角按钮，在列表中选择"左对齐"选项。在设置文本和其他元素时，对齐方式的选择很重要。

3

选中"微笑练习"文本，在"字体"选项组中设置字体为"黑体"、字号为24，字体的颜色和标题中矩形填充颜色一致。单击"字符间距"下三角按钮，在列表中选择"稀疏"选项。正文的标题格式设置完成。

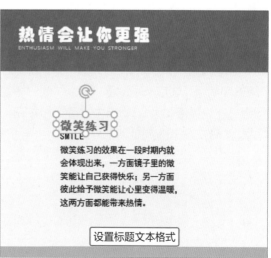

4

选中英文文本，在"字体"选项组中设置合适的字体、字号，字体颜色设置为浅蓝色。适当调整文本框的宽度，单击"段落"选项组中"分散对齐"按钮，即可完成对英文文本的设计。

5

选中正文文本，在"字体"选项组中设置字体为"微软雅黑"、字号为18、字体颜色为灰色。单击"字体"选项组的对话框启动器按钮，在打开的"字体"对话框中，切换至"字符间距"选项卡，设置"间距"为"加宽"，在度量值数值框中输入1.2，单击"确定"按钮。

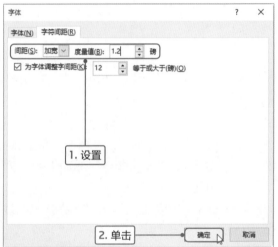

6

保持正文文本为选中状态，单击"段落"选项组的对话框启动器按钮。打开"段落"对话框，在"缩进和间距"选项卡中设置"行距"为"多倍行距"、"设置值"为1.3，单击"确定"按钮。根据相同的方法设置其他两部分文本。

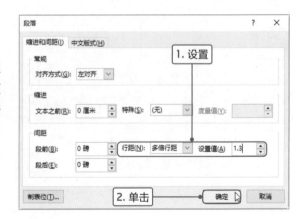

_{Point} 4 添加形状划分各部分层次

将3部分文本制作完成后，我们可以在各部分之间添加线条形状，使层次更加分明。然后在各部分上方标注相关数字，下面介绍具体的操作方法。

1

将3部分文本制作完成后，适当调整正文文本框的大小，使其合理分布在页面中。根据需要设置各元素的对齐方式，使标题、英文和正文文本框分别对齐，并设置标题文本框、英文文本框和正文文本框之间适当增加距离。

2

然后为各部分添加数字，以标明层次关系。在"微笑练习"文本框上方添加横排文本框，并输入01，然后设置字体为黑体、字号为28。黑色的字体在页面中太突出，所以设置字体颜色为灰色。

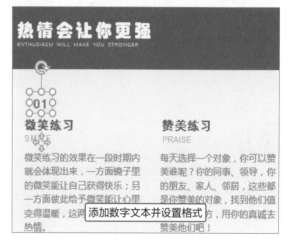

3

单独数字文本太单调了，为了丰富画面，还需要添加相关形状。切换至"插入"选项卡，单击"插图"选项组中"形状"下三角按钮，在列表中选择"菱形"形状。

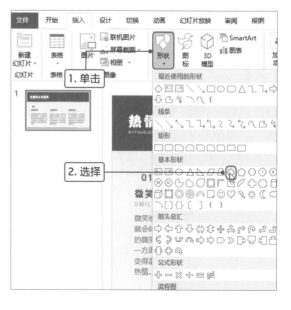

4

按住Shift键在页面中绘制菱形形状，适当调整形状的大小，并设置形状与该部分文本框左对齐。选择菱形形状，在"绘图工具-格式"选项的"形状样式"选项组中设置无轮廓、填充颜色为浅灰色。并设置菱形位于数字文本的下方。

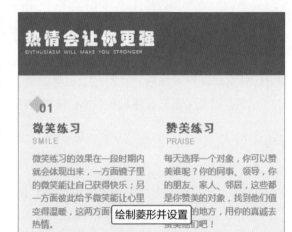

5

选择绘制的菱形和数字文本，按住Ctrl键进行拖曳复制两份，并分别放在其他两部分上方。然后设置菱形和数字文本的对齐方式。

6

单击"插入"选项卡中"形状"下三角按钮，在列表中选择"直线"形状，在3部分中间空白处绘制垂直的线条。在绘制垂直的线条时可以按住Shift键，设置两条线条为底部对齐。

7

设置两条线的颜色和底部矩形颜色一致。选择正文部分所有文本框和菱形，并进行组合。然后设置组合后元素的对齐方式为水平居中对齐，最后为了整体页面的平衡，适当调整各元素的位置即可。

在不同视图中输入文本

在幻灯片设计中，文本是必不可少的元素。由于文本内容是幻灯片的基础，所以在幻灯片中输入文本、编辑文本、设置文本格式等是制作幻灯片的基本操作，也是增加幻灯片美观度的方法之一。在PowerPoint 2019中，用户可以在大纲视图、幻灯片视图和备注页3种视图中输入文本内容，下面分别进行介绍。

步骤01 在大纲视图中输入文本：在演示文稿的普通视图中选择"视图"选项卡，在"演示文稿视图"选项组中单击"大纲视图"按钮，切换到大纲视图，然后在任务窗格中输入文本即可。

在大纲视图中输入文本

步骤02 在普通视图中输入：普通视图是Power-Point 2019默认的视图方式，在该视图下直接单击要输入内容的文本框，直接输入所需文本即可。

在普通视图中输入文本

步骤03 在备注页视图中输入：在演示文稿的普通视图中单击"视图"选项卡下"演示文稿视图"选项组中的"备注页"按钮，切换到备注页视图，然后输入幻灯片备注信息。

在备注页视图中输入文本

Tips **选择文本**

为幻灯片输入文本之后，还需要选择并修改文本，以适应整体幻灯片的需要。双击可选择一个词语；在文本的某个段落处连续单击3次可选择该段落；也可以按下Ctrl+A组合键选择所选对象的整个文本。

文字也可以
被设计

用项目符号使营销策划
演示文稿的文本更清晰

眼看着就要进入冬季了，如何让公司新上市的羽绒服在第一时间迅速打开销售市场呢？这个问题一直困扰着销售部门。厉厉哥决定对市场进行调查分析，并制定一个详细的新品上市营销策划方案，然后让小蔡制作一份羽绒服营销策划的演示文稿，来展示调查结果，并向同事传递本年度羽绒服的营销计划。

NG! 菜鸟效果

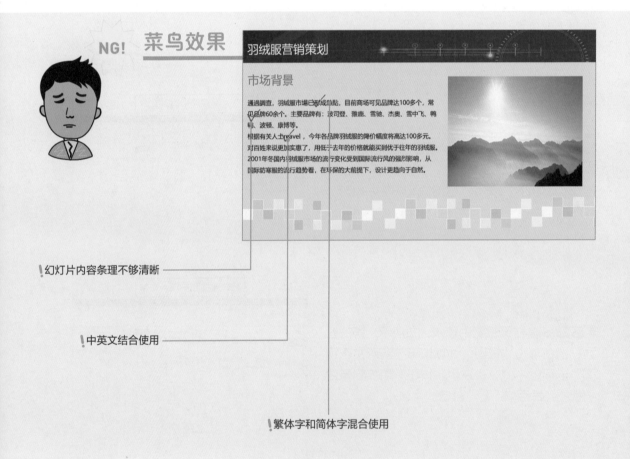

!幻灯片内容条理不够清晰

!中英文结合使用

!繁体字和简体字混合使用

小蔡在设计营销策划演示文稿时，繁体字和简体字混合在一起使用，使文章整体看起来很混乱，并且使用英文单词，让观众不能够充分理解PPT内容；还有一个问题是，文本段落层次不够分明，条理不清晰。

MISSION!
4

营销是一项有组织的活动，它是通过对市场的调查预测和对营销环境的评价分析，来确认顾客的购买需求，从而运用企业可控制因素赢得市场忠诚度和竞争优势的一系列过程。在制作营销策划类PPT时，首先需要对撰写的策划内容进行分析和整理。在对策划内容进行整理时，应保持幻灯片的条理分明，层次清晰。

逆袭效果 OK!

羽绒服营销策划

市场背景

通过调查，羽绒服市场已形成热点，目前商场可见品牌达100多个，常见品牌60余个。主要品牌有：波司登、雅鹿、雪驰、杰奥、雪中飞、鸭鸭、波顿、康博等。

根据有关人士揭示，今年各品牌羽绒服的降价幅度将高达100多元。对百姓来说更加惠了，用低于去年的价格就能买到优于往年的羽绒服。

2001年冬国内羽绒服市场的流行变化受到国际流行风的强烈影响，从国际防寒服的流行趋势看，在环保的大前提下，设计更趋向于自然。

繁简字转换，全文统一

对英文单词进行翻译

添加项目符号，段落条理清晰

小蔡对营销策划PPT进行了重新设计，对繁体字进行转换，演示文稿通篇都是简体字，使观众观看时更加便捷；对英文单词进行翻译转换成汉语，使内容更好地被理解；最后，为文本添加项目符号，使段落层次分明，更加条理清晰。

^{Point} **1** 对个别单词进行翻译

在阅读一些使用其他语言所制作的PPT时，偶尔会出现个别单词或短语不太明白的情况，此时，为了能够充分理解演示文稿内容，我们可以使用PowerPoint 2019的"翻译"功能进行临时翻译，具体操作方法如下。

1

打开"羽绒服营销策划.pptx"演示文稿中的幻灯片，在reveal单词左侧按住鼠标左键不放并向右拖曳，将其选中后释放鼠标。

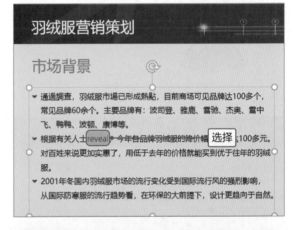

2

切换到"审阅"选项卡，单击"语言"组中的"翻译"按钮。

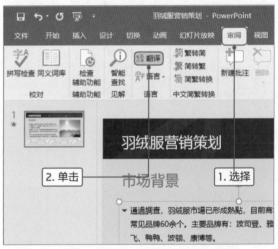

3

此时PowerPoint会打开"翻译工具"导航窗格，查看翻译结果。选择需要的文本翻译，然后单击"插入"按钮即可。

Tips **对大段文本进行翻译**

在使用翻译功能时，翻译的结果有时会与正常的语序有一定出入，所以翻译后还需要对文字内容进行检查和调整。另外，在使用PowerPoint的翻译功能时需保持电脑与Internet的正常连接。

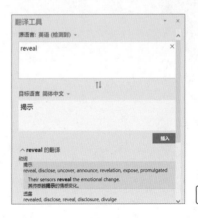

查看翻译结果

Point 2 对文本进行繁简转换

如果准备往香港或者台湾等地拓展市场，作为辅助演讲的PPT就需要利用PowerPoint的繁简转换功能来使演示文稿适应特殊的阅读需要。下面介绍对文本进行繁简转换的操作方法。

1

打开"羽绒服营销策划.pptx"演示文稿中的幻灯片，选中需要转换字体的文本内容。

2

切换到"审阅"选项卡，单击"中文简繁转换"选项组中的"简繁转换"按钮。

3

打开"中文简繁转换"对话框，单击"繁体中文转换为简体中文"单选按钮，然后单击"确定"按钮。

 Tips 转换专有名词

如果希望在中文繁简转换时将一些专有名词也一起转换，则需要在"中文简繁转换"对话框中勾选"转换常用词汇"复选框，如"软件"，如果不转换为常用词汇，则显示为"软件"；如果转换为常用词汇，则转换为"軟體"。

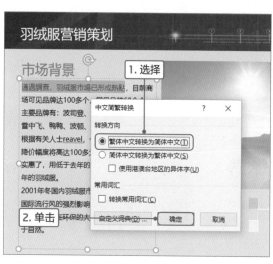

4

返回演示文稿中，即可看到所选文字已转换为中文简体效果。

5

在对中文进行简繁转换时，用户还可以自定义一些词语并指定其转换后的词性。首先切换到"审阅"选项卡，单击"简繁转换"按钮，打开"中文简繁转换"对话框，单击"自定义词典"按钮。

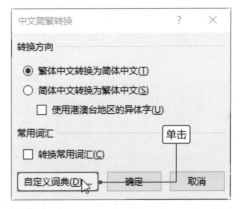

6

打开"简体繁体自定义词典"对话框，设置转换方向、需要转换的词语以及转换的目标词和词性，然后单击"添加"按钮。

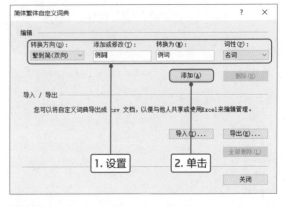

7

在弹出的对话框中将提示词汇添加完成，单击"确定"按钮即可。

Tips　共享词典

如果希望将添加的词典与他人共享，则在"简体繁体自定义词典"对话框中单击"导出"按钮，将词典进行保存。

Point **3** 设置项目符号样式

在并列的文本内容中为了让文本看起来更整齐，可以添加项目符号或编号，如果演示文稿内容应用了主题样式，那么项目符号会根据主题的变化而变化。下面以为文本设置项目符号为例进行讲解。

1

打开"羽绒服营销策划.pptx"演示文稿中的幻灯片，选中需要设置项目符号的文本。

2

切换到"开始"选项卡，单击"段落"选项组中"项目符号"右侧的下拉按钮，选择"项目符号和编号"选项。

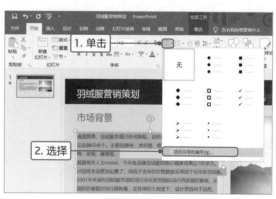

3

打开"项目符号和编号"对话框，在"项目符号"选项卡下单击"图片"按钮。

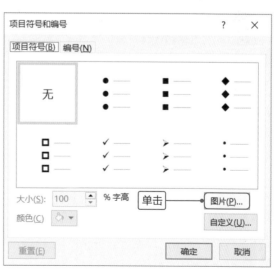

4

此时将弹出"插入图片"面板，选择"自图标"选项。

5

打开"插入图标"对话框，在左侧列表框中选择"商业"选项，然后在右侧面板中选择所需的图标样式，这里选择图标样式，然后单击"插入"按钮。

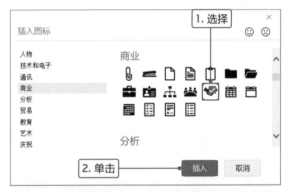

6

返回演示文稿中，查看添加项目符号的效果。

Tips 将特殊符号自定义为项目符号

打开PowerPoint 2019的"项目符号和编号"对话框，在"项目符号"选项卡中单击"自定义"按钮，打开"符号"对话框，在"字体"下拉列表中可以选择不同的符号类别，选择目标符号后，依次单击"确定"按钮完成设置。

制作演示文稿前的准备工作

要将一份Word文档做成PPT，可不是直接对文字复制粘贴那么简单，而需要精练语言，才把文字放在演示文稿中。在制作演示文稿之前需要进行一系列准备工作，如果制作过程中才去找资料，不仅浪费时间，而且容易出错。下面讲解制作幻灯片前需要的准备工作。

1. 理解内容

弄清原始文档意思非常重要，根据文档内容的相关性可以把文档分为多个页面。也可以根据文档的内容，确定与之相关的PPT配色与整体风格，以下几点可以作为参考。

- 工作报告用PPT：这类PPT主要有用色传统、背景简洁、框架清晰、画面丰富以及图片较多等特点。
- 企业宣传用PPT：企业宣传PPT具有时效性，也能营造整体氛围，既能宣传公司形象，也能展示个人魅力，具有专业与直观两方面的特点。

- 培训课件用PPT：目前大部分学校在上课时会使用PPT课件，它能形象直观地将老师要表达的观点以文字、图片、动画的方式向学生展示出来。

2. 构思

在正式制作演示文稿之前，需要对收集到的资料进行整理，构思一个大概的框架，分清内容版块，设计每一页幻灯片放置哪些内容。这样在制作演示文稿时就可以构思页面细节，比如是只放文字，还是添加一定的图片、剪贴画或其他效果呢？

3. 收集素材

掌握不同类型PPT的特点，构思好PPT的页面细节后，就可以着手准备PPT素材的选择与区分了。素材通常为一些图片或模板等，这些素材可以在平时有空时多积累一些，这样就可以在制作PPT时游刃有余、信手拈来。

文字也可以被设计

提取段落中重要文本制作简洁幻灯片

为了让员工积极地对待工作和生活，更好地维护员工之间的人际关系，企业决定对员工进行培训，其中培训的主题是"不找借口"。培训的主要目的是让员工对生活和工作中失误，不要找借口或指责他人，而是要勇于接受错误，改正错误。本次培训的内容制作将由小蔡负责，他可以参考公司以前的培训课件，然后进行修改。小蔡在制作完课件后，发给厉厉哥浏览一下。

NG！ 菜鸟效果

不找借口

上帝喜欢努力的人，但十分反感努力找借口的人。

习惯于找借口为自己开脱的人，在潜意识中是害怕自己"背负罪名"的。所以，如果你想戒掉借口，那么你必须要有勇气去接受自己的问题，承认自己的错误。当你没有做到某事时，请你主动说"这是我的问题""对不起，这是我的错"。这样做的好处，首先，对方在心里适当原谅你，有利于人际关系的维护，其次，当你想找借口时，想想那种认错的尴尬局面，你就会去克制去找借口，这样会有利于自制力的培养。

借口都是五花八门的，但是都有一个相似的特点：前半句陈述事实，后半句在找借口，中间使用"但是"连接。你需要努力让自己停止使用"但是"这个词，而一旦你忘记了这条原则，让"但是"脱口而出的话，那么请在后用"这是我的问题"来修正自己吧！"你今天按排我的工作不是困难，但是，我没有做完，这是我的问题。"

加倍偿还是这样一个练习，但根多人表示这个方法很有效。例如按照计划，你今天需要写一篇文章，但是你没有按照规定去执行，而且自己还努力去借口来开脱自己。没关系，你只需要强迫自己明天写两篇文章，加倍偿还给自己就可以了。而且，加倍偿还的都是对自己有利的事物，又能锻练自己的自制力，何乐而不为呢？在工作中，可以加倍偿还你的工作；在学习中你可加倍偿还你的学习计划，总之你可以通过种种方式帮助你逐渐脱离借口。

段落之间不清晰，行与行之间间距比较紧凑

标题文本字符间距太小

通过对重要的文本加粗并设置不同的颜色，进行重点标注

小蔡在制作激励式培训幻灯片时，为了说明观点，采用大量的文字介绍，让受众明白哪里是重点。标题文本之间间距太小，让人有种不舒服的感觉；介绍的正文文字太紧凑，段落不清晰，行距也小；对重要的文本进行重点标注，但是在繁杂的文本中，重点文本太多，让人眼花缭乱。

MISSION!
5

文字虽然比较枯燥，但是却是最能直观表达观点的方式。很好地应用文本，不仅可以清晰地说明观点，还能在视觉上产生美感。对于制作工作型的PPT，在页面中文本占据在部分页面，那么如果需要在短时间内让受众记住大量的文字观点，这是演讲者很难做到的。所以，在制作文本型PPT时，需要清晰地观点，提取关键字，对于不重要的文字可以口述，因为观众很容易接受简短的文字信息。

逆袭效果　OK!

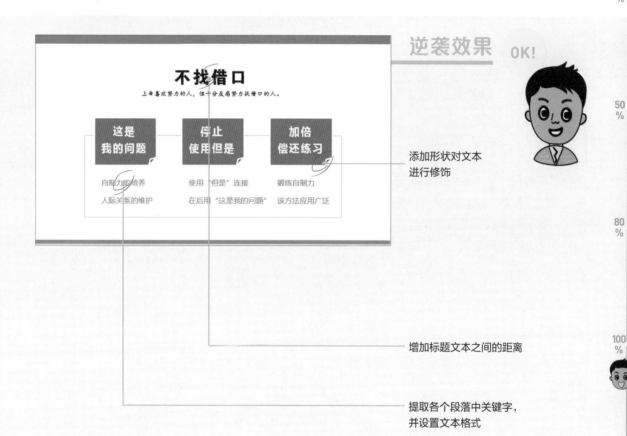

添加形状对文本进行修饰

增加标题文本之间的距离

提取各个段落中关键字，并设置文本格式

小蔡对幻灯片中的文本进行提取加工处理后，整体感觉更简洁明了。增加标题文本之间的距离，文字阅读起来感觉更轻松；提取各段落的关键字，并进行格式设置，观众在浏览时没有太大压力；为文本添加形状进行修改，不仅起到美化作用，还使零散的文本成为一个整体。

1 设置字符间距

在PowerPoint中，字符之间默认的间距比较紧凑，我们可以根据演示文稿设计的实际需要，适当将字符间距设置得宽点。下面介绍具体的操作方法。

1

打开演示文稿，首先对"不找借口"幻灯片中的文本进行通读，然后提取3段文本中的关键字并复制到空白幻灯片中。同样的方法，将标题和标题下的一行文本也复制过来。

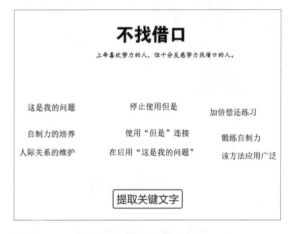

2

选择"不找借口"文本框，切换至"开始"选项卡，单击"字体"选项组中"字符间距"下三角按钮，在列表中选择"很松"选项。此时可以看到文字之间的距离增大，标题的效果很好。

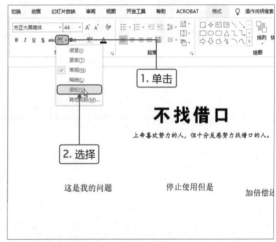

3

选中标题文本下方一行文本，单击"字体"选项组中"字符间距"下三角按钮，在列表中选择"其他间距"选项。该文本字号比较小，只需要稍微增加点间距即可。

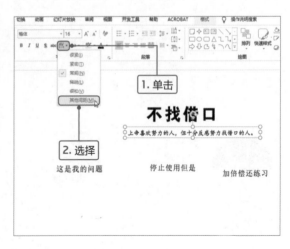

4

打开"字体"对话框,在"字符间距"选项卡中单击"间距"右侧下三角按钮,在列表中选择"加宽"选项,设置"度量值"为1.2磅,单击"确定"按钮。

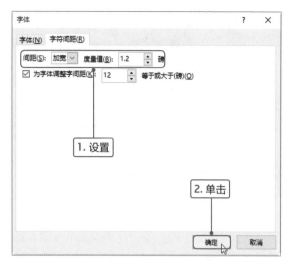

5

选择提取关键字的第一行3个文本框,单击"字体间距"下三角按钮,在列表中选择"稀疏"选项,设置该文本框字符间距稍宽点即可。

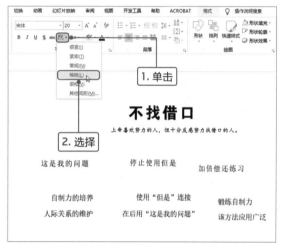

6

选中提取的所有关键字,在"字体"选项组中设置字体格式为"微软雅黑"。

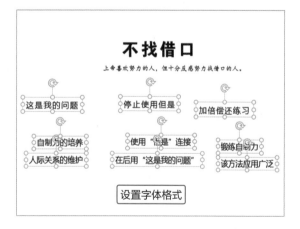

Tips **提取关键字**

当为某段文本制作演示文稿时,用户首先要读一遍文本,理解其含意,然后提取各段的小标题,最后再提取关键字。
因为制作演示文稿时,对文字的要求是精练、通俗易懂、不要过于繁杂,否则演讲时间就是观众休息时间了。

Point 2 为文字分行并设置行距

默认情况下，演示文稿中文本的行距为单倍行距，在放映幻灯片时，若行距太窄，文本密密麻麻的很难阅读；若行距太大，也不是最好的选择，显得文本比较散。一般将行距设置为1.2或1.3倍的间距是最理想状态，下面介绍具体操作方法。

1

要对提取各段小标题进行分行，则首先将光标定位在第2个文字的右侧，然后按Enter键，即可将光标右侧文本切换至下一行。根据相同的方法对其他小标题进行分行，最后设置文本的对齐方式为居中对齐。这时，我们会发现分行后两行文本之间距离太小。

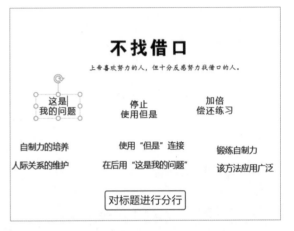

2

选择3个小标题文本框，单击"段落"选项组中"行距"下三角按钮，在列表中选择"行距选项"选项。

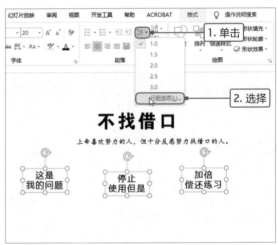

3

打开"段落"对话框，在"缩进和间距"选项卡下选择"行距"为"多倍行距"选项，设置"设置值"为1.3，单击"确定"按钮。

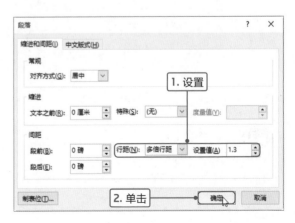

4

操作完成后，可见文本框中两行文本之间距离增大了。

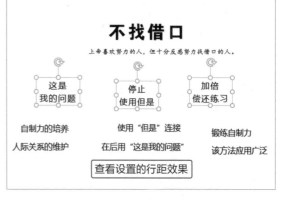

5

保持3个文本框为选中状态，在"字体"选项组中设置字号为28，适当加大字体以区别下方的关键字。

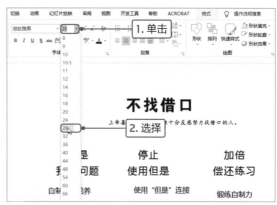

6

然后设置3个文本框的"对齐方式"为"横向分布"。为了使文本元素有整体的感觉，一定要对文本框进行对齐操作。

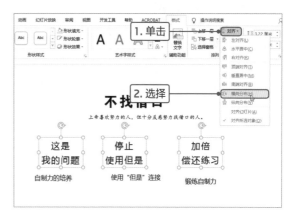

7

调整完成后，设置小标题文字为加粗显示。然后设置关键的对齐方式，将不同部分文本设置左对齐，然后再按行设置关键字的对齐方式。

Point **3** 使用形状修饰文字

文本格式设置完成后，若觉得整个幻灯片的排版效果太单调，可以为其添加相关形状来对文本进行修饰。为了页面美观，还可以再适当添加矩形形状，下面介绍具体操作方法。

1

切换至"插入"选项卡，单击"插图"选项组中"形状"下三角按钮，在列表中选择"矩形：折角"形状。

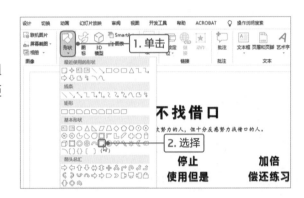

2

在页面中合适位置按住鼠标左键拖曳，绘制一个矩形形状，使其覆盖住小标题的文本框。然后切换至"绘图工具-格式"选项卡，在"形状样式"选项组中设置绘制的矩形形状的填充颜色为橙色、边框宽度为4.5磅、颜色为白色。

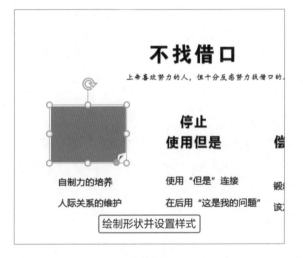

绘制形状并设置样式

3

然后按Ctrl+C和Ctrl+V组合键复制两个形状，并放在其他文本小标题上方。单击"排列"选项组中"下移一层"按钮，在列表中选择"置于底层"选项，即可将形状下方的文本显示出来。

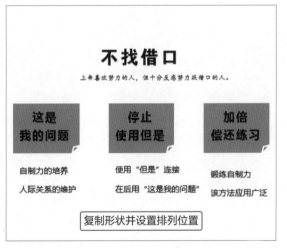

复制形状并设置排列位置

4

可见黑色文本搭配橙色底纹，不是很协调。选择3个小标题文本，在"字体"选项组中设置字体颜色为白色。然后设置其他关键字颜色为灰色。

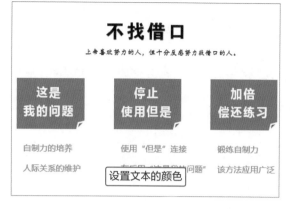

10%

5

下方的文本虽然排列很整齐，但是感觉不是一个整体，此时我们可以添加大点的矩形形状，然后在"形状样式"选项组中设置矩形为无填充、边框颜色为浅蓝色。最后设置该形状位于底层。

30%

50%

6

为了页面整体的美观性，在幻灯片顶端绘制一个细长的矩形，设置矩形形状的填充为蓝色、无边框，寓意为蓝天。

80%

100%

7

为了与蓝色矩形对称，在幻灯片底端添加灰色的矩形形状，寓意为大地。最后再将相关文本元素进行居中对齐，并组合所有文本和形状元素。

4 添加备注内容方便演讲

本案例将大段的文本浓缩成几个关键字，使受众容易更接受，但是对于演讲者来说是一个大问题，如此多的内容，他如何口述给观众。这时我们可以应用PowerPoint的"备注"功能，具体如下。

1

在幻灯片下方显示备注文本框，如果没有显示，则切换至"视图"选项卡，单击"显示"选项组中"备注"按钮即可。

2

然后将该页幻灯片需要介绍的文本输入到备注框中。用户如果查看备注内容，可以将光标移到幻灯片和备注框中间，变为双向箭头时按住鼠标左键向下拖曳，即可扩大备注框的范围。

3

备注添加完成后，放映幻灯片时在屏幕上右击，在快捷菜单中选择"显示演示者视图"命令，即可将备注内容显示出来，演讲者即可在演讲时参照备注内容。但是放映时，观众是看不到备注内容的。

设置演示文稿段落格式

当PPT中包含大量文本时，为了使段落内容更清晰，我们可以设置行距以及段前段后距离。也可以根据需要设置段落整体缩进值或段落第一个文本的缩进值。

1. 设置首行缩进

选择需要设置缩进的段落文本，如下左图所示。单击"开始"选项卡下"段落"选项组的对话框启动器按钮，打开"段落"对话框。在"缩进和间距"选项卡的"缩进"选项区域中设置"特殊"为"首行"、"度量值"为1.5厘米，单击"确定"按钮，如下右图所示。

返回演示文稿中，可见选中文本框内每个段落第一行第一个字向右缩进设置的距离，如右图所示。

2. 设置段落间距

在设置段落间距时，用户可以设置段前、段后以及行距参数。在"段落"对话框的"间距"选项区域中设置"段前"和"段后"均为6磅。可见段与段之间的距离增大，段落很清晰，如下左图所示。设置"行距"为"多倍行距"、"设置值"为1.2倍行距，可见段落中各行清晰地展示出来，如下右图所示。

艺术字的应用

PowerPoint 2019为用户提供了精美的艺术字效果，从而可以快速地对画面中单调的文字进行快速美化。

打开PowerPoint软件，切换至"插入"选项卡，单击"文本"选项组中"艺术字"下三角按钮，在列表中选择合适的艺术样式，如下左图所示。页面中即可插入艺术字文本框，删除文本框内文本后，输入需要的文本即可，同时在功能区显示"绘图工具-格式"选项卡，如下右图所示。

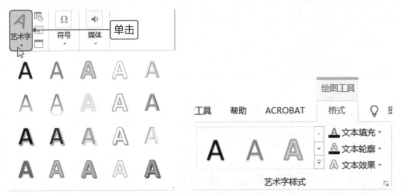

如果需要将PowerPoint中的文字转换为艺术字，则首先选中文本，切换至"绘图工具-格式"选项卡，单击"艺术字样式"选项组中"其他"按钮，在列表中选择合适的艺术字效果即可。该列表中的选项和"插入"选项卡的"艺术字"列表中选项一样。

在"艺术字样式"选项组中单击"文本填充"、"文本轮廓"、"文本效果"下三角按钮，在列表中可以设置文本的填充颜色、轮廓和艺术效果。

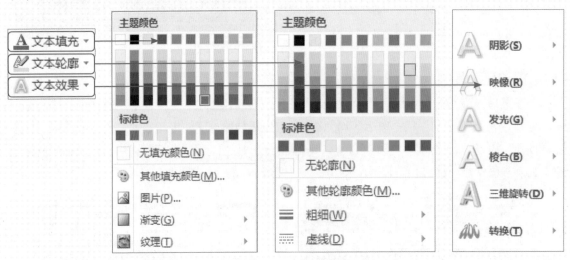

在"文本效果"列表中包含6种艺术字效果，如阴影、映像、发光、棱台、三维旋转、转换。选中任意效果后，在右侧打开的扩展效果列表中均可直接选择预设的效果，将其应用到选中的文本中。

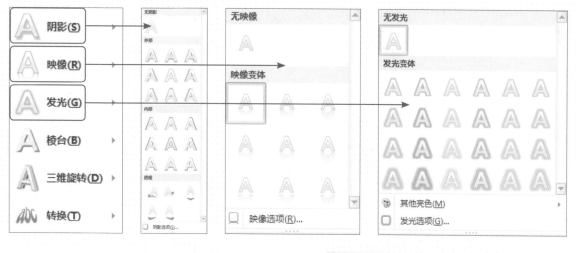

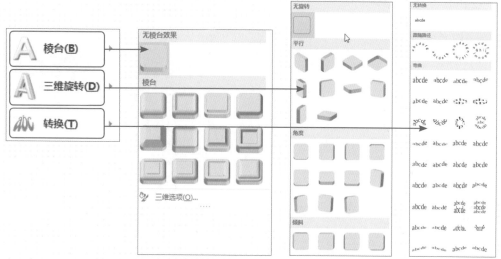

　　在应用艺术字效果时，除预设的艺术效果外，我们还可以自定义艺术字效果。首先选择需要设置艺术字效果的文本并右击，在快捷菜单中选择"设置文字效果格式"命令，如下左图所示。打开"设置形状格式"导航窗格，在"文本效果"选项卡中包括文本效果的相关选项。在对应的效果选项区域可以自定义相关的参数，如在"阴影"选项区域中可见设置颜色、大小、透明度、阴影的距离、角度等选项，如下右图所示。

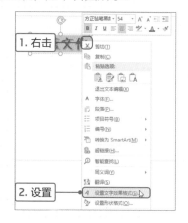

读书笔记

图片要这么用

一图胜千字，可见图片的作用是不可忽视的。在观看演示文稿时，观众一般不愿意投入大量的精力进行逐字阅读，而且只靠文字不能吸引观众眼球，势必会影响信息的传达效果。抓住眼球最直接有效的方法就是添加一张合适的图片，与文字相得益彰。本章主要介绍图片在PPT中编辑和设计的相关知识，例如将图片代替文本、全图型幻灯片应用、图文混排以及图片拼贴等技巧。只有将图片与文本合理结合，才能设计出完美的幻灯片效果。

图片
要这么用

使用图片代替文本展示数据统计分析

企业为了更好地生产和销售手机，策划部门对使用不同系统的用户进行统计分析，分别统计出使用安卓系统、苹果系统以及智能手机的人数。现在需要将统计的数据制作成PPT以便在议会上展示出来，并对其进一步讨论。小蔡负责此项工作，在制作该演示文稿时，要简单明了，不要拖泥带水，让与会者一眼就看出其效果。小蔡需要抓紧时间进行制作，因为下午就需要开会讨论了。

NG! 菜鸟效果

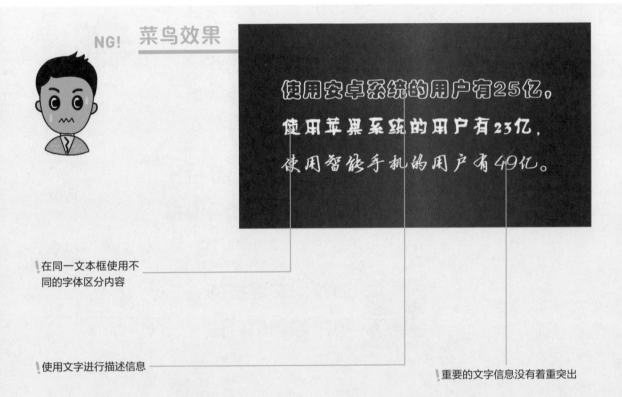

！在同一文本框使用不
同的字体区分内容

！使用文字进行描述信息

！重要的文字信息没有着重突出

小蔡在制作该幻灯片时，想通过为不同数据信息设置不同的字体，来清晰展示数据。但是，字体太多显示幻灯片整体有点乱，而且没有重点，如在本案例中使用各系统的人数是重中之重；最后整页幻灯片均以文字展示，浏览者会感觉很无趣，而且过多的文字会对阅读造成一种压力。

MISSION!
1

在制作演示文稿时，文字的表现力是不容置疑的，但是用文字吸引浏览者的效果没有图片好。因此，如果可以使用图片或图标展示寓意时，就尽量不使用文字。在使用图片代替文本时，还需要注意一点，就是图片的辨识度一定要高，也就是说浏览者一看到图片就知道是什么意思。在PowerPoint中插入图片后，我们还可以对其整体效果进行调整，如颜色、艺术效果等。

10%

50%

逆袭效果　　OK!

25亿

23亿

49亿

为数据文本设置
不同颜色和字号

80%

100%

在图片和文本框之
间插入特殊符号

使用相关图片代替部分文本

小蔡根据指点，进行针对性地修改，将部分文字用相应的图片代替，这样在浏览时，会很轻松地明白其中的含意；将重点数据设置为橙色并增大显示，可以很好地突出重点；在页面中添加特殊符号，很好地连接图片和文本框中的数据。本页幻灯片可以让浏览者在轻松地情境中查看相关信息。

Point 1 插入图片并调整效果

在PowerPoint中插入图片时，图片的展示效果要与幻灯片的整体色调以及背景相符合。本案例是深色的背景，为了突出插入的图片，需要将图片设置成稍亮点的效果。

1

打开演示文稿并设置渐变的深色背景效果。切换至"插入"选项卡，单击"图像"选项组中"图片"按钮。

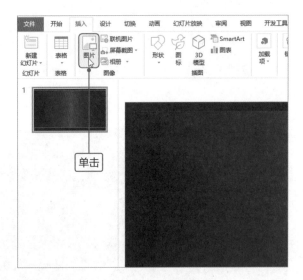

2

打开"插入图片"对话框，选择安卓系统的图片，单击"插入"按钮。

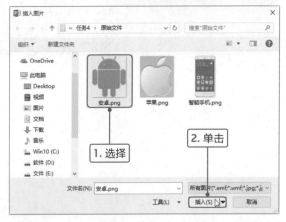

3

可见插入的图片有点暗，选择插入的图片，切换至"图片工具–格式"选项卡，单击"调整"选项组中"颜色"下三角按钮，在打开的下拉列表中选择"饱和度：400%"选项。

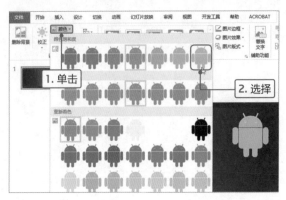

4

可见插入图片的颜色饱和度更饱满，比原始图片的颜色也更明亮。单击"调整"选项组中"校正"下三角按钮，在列表中选择合适的选项，以增加亮度。

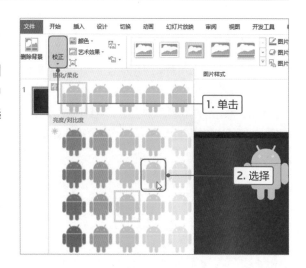

5

使用鼠标调整图片四角控制点，适当缩小图片并放在页面的中间位置。然后在图片的右侧绘制文本框，切换至"插入"选项卡，单击"符号"选项组中"符号"按钮。

6

打开"符号"对话框，选择乘号符号，再单击"插入"按钮，即可在文本框中插入选中的符号。最后关闭该对话框。

 Tips **插入特殊符号和公式**

在PowerPoint 2019中插入特殊符号和公式，均在"符号"选项组中单击相应的按钮。插入符号时，光标必须定位在文本框中；在文本框或者页面中均可直接插入公式，同时在功能区显示"公式工具-设计"选项卡。

7

选择插入的特殊符号，切换至"开始"选项卡，在"字体"选项组中设置字号为32，并加粗显示，设置字体颜色为白色。在特殊符号右侧再绘制横排文本框，并输入"25亿"文本。

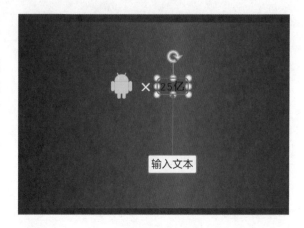

8

选择输入的文本，单击"字体"选项组中"字体颜色"下三角按钮，在列表中选择橙色。设置橙色的目的是突出显示该数据，在暗色背景中橙色比较显眼。

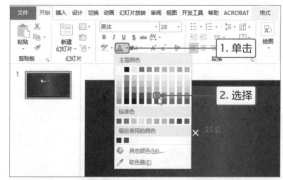

9

保持该文本框为选中状态，设置字号为40，然后选中"亿"文本，将字号增加到48，以突出显示单位。选择文本框，单击"字体"选项中"字符间距"下三角按钮，在列表中选择"稀疏"选项，增加字符之间的距离。

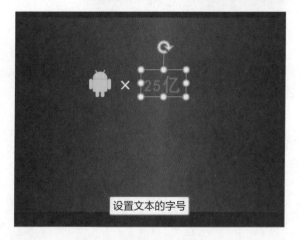

10

按住Shift键选择两个文本框和图片，切换至"绘图工具-格式"选项卡，单击"排列"选项组中"对齐"下三角按钮，在列表中分别选择"垂直居中"和"横向分布"选项，对选中的元素进行对齐操作。

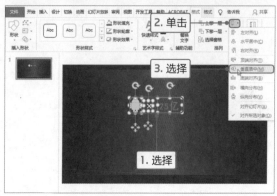

Point **2** 删除图片背景

在PowerPoint中插入图片时，如果图片包含背景，则会影响展示的效果，因此需要将背景删除。如果背景颜色比较单一，和图片内容相差比较大，则删除背景操作会比较容易。

1

切换至"插入"选项卡，单击"图像"选项组中"图片"按钮。在打开的"插入图片"对话框中选择苹果系统图片，单击"插入"按钮。

2

我们发现插入的图片包含背景，如果直接使用，制作出来的幻灯片背景将大打折扣。选择插入的图片，切换至"图片工具-格式"选项卡，单击"调整"选项组中"删除背景"按钮。

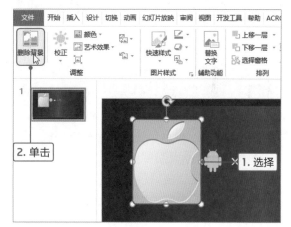

3

可见图片中显示洋红色的背景，表示该区域为被删除的部分，我们发现图片中有些需要保留的部分也在删除区域。此时可以切换到"背景删除"选项卡，单击"优化"选项组中"标记要保留的区域"按钮。

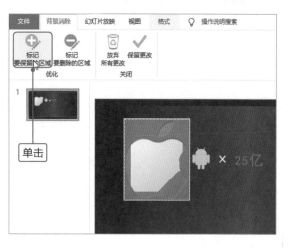

4

此时光标变为铅笔形状，在需要保留的区域单击，直到该区域不在删除范围内。单击图像边缘处时，可以按住Ctrl键配合鼠标滚动轴，放大画面，然后再细致设置保留区域。

5

根据相同的方法，将图片的主体保留后，再单击"关闭"选项组中"保留更改"按钮，即可完成背景的删除操作。如果需要标记要删除的背景区域，则单击"优化"选项组中"标记要删除的区域"按钮，然后再标记背景中需要删除的部分即可。

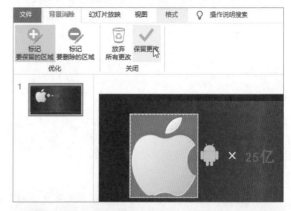

6

适当缩小插入的图片，使其大小和安卓图标差不多。然后选择页面中的两个文本框，按住Ctrl键向下拖曳，最后释放鼠标左键即可复制一份。

7

修改文本框中数据，选中苹果系统图片和复制的两个文本框，在"排列"选项组中设置垂直居中和横向分布对齐。

Point 3 完善数据展示

对于插入的图片，如果用户熟悉图像编辑软件，如Photoshop等，可以先进行处理，然后保存。处理后的图片在PowerPoint中可以直接使用，该方法对于处理背景较复杂的图片比较适合。图片插入完成后，再对数据进行完善，优化版面。

10%

50%

80%

100%

1

切换至"插入"选项卡，单击"图像"选项组中"图片"按钮。在打开的"插入图片"对话框中选择智能手机图片，单击"插入"按钮。

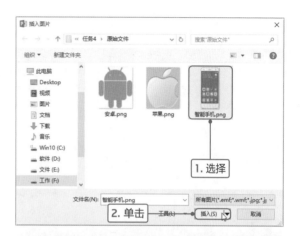

2

适当缩小该图片，放在苹果系统图片的下方，然后复制乘号和文本框并放在插入图片的右侧。最后修改文本框中的数据，其他格式保持不变。

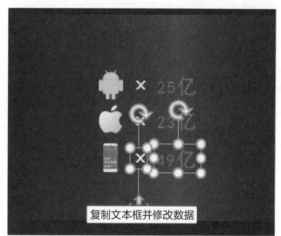

3

选中插入的图片和复制的文本框，设置对齐方式。然后再分别设置3张图片、3个乘号的文本框和3个数字文本框的对齐式为垂直居中。

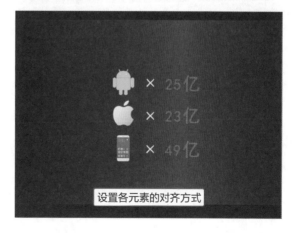

Point 4 组合各元素并设置分布

在PowerPoint中插入各种元素后，我们可以将分散的元素组合成为一个元素，这样在调整位置时就比较方便。在本案例中，将3种信息分别进行组合，然后再调整位置和设置对齐方式。

1

选择安卓系统图片，按住Shift键选择右侧的两个文本框，切换至"绘图工具-格式"选项卡，单击"排列"选项组中"组合"按钮，在列表中选择"组合"选项。

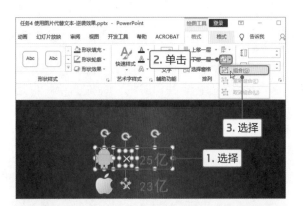

2

操作完成后，即可看到将选中的3个元素组合为一个元素的效果。

 Tips 取消组合

如果需要将组合的元素取消组合，则选中该元素，单击"组合"按钮，在下拉列表中选择"取消组合"选项即可。

3

根据相同的方法，将其他元素进行组合，然后设置3组组合元素垂直居中对齐。最后再将所有元素组合在一起，设置对齐方式为水平居中和垂直居中，即可将组合的元素设置在页面的中心位置。

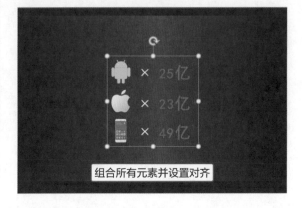

幻灯片常用的 4 种图片格式

在PPT制作过程中，我们常用到JPG、GIF、PNG和AI 4种图片格式，有着不同的图片特点，下面将具体介绍这4类图片的特点、效果。

1

JPG是我们最常用的一种图片格式，网络图片基本都属于此类。其特点是图片资源丰富、压缩率极高，节省存储空间。只是图片精度固定，在拉大时清晰度会降低。

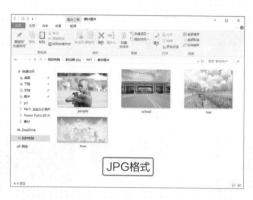

JPG格式

2

GIF是一种通用性极强的图片格式，几乎所有软件均支持，所以在网站建设、软件开发等领域有着广泛的应用。它的特点包括：压缩率不高，所以相对于JPG格式文件较大；图片色彩也不够丰富；一张图片中可以存多幅图像，本身可以做一些简单的动画。

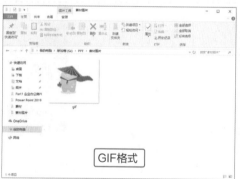

GIF格式

3

PNG是一种较新的图像文件格式，我们一般称之为PNG图标。从PPT应用的角度看，PNG图标有3个特点：清晰度高、一般背景都是透明的、文件较小。

PNG格式

4

AI图片是矢量图片的一种，矢量图片的基本特征是可以任意放大或缩小，但不影响显示效果，在印刷行业应用非常广泛。AI格式的图片一般都是用电脑绘制的，所以人工制作的痕迹非常明显，矢量图片格式还包括EPS、WMF、CDR等。

AI格式

图片
要这么用

利用全图型幻灯片制作
春季运动会海报

企业为了提高员工的身体素质，能有一个健康的体魄，每年春季都会举行不同运动项目的比赛。今年将举办跑步比赛，并且有升职加薪的机会。为了鼓励员工参加此次活动，需要制作一张海报，然后发布到企业内部群中。厉厉哥要求该海报感染力比较强，富有激情，让员工有看了立刻想参与的冲动。这项艰巨的任务还是由小蔡担任。该PPT需要有一张强有力的图片和吸引人的文字。

NG! ## 菜鸟效果

❗为图片应用虚化的艺术效果

❗图片的主体人物不突出

❗文字样式设置不够灵活

小蔡在制作运动海报时，采用全图型制作方法，这样图片可以很直观地表达用意。但是他将图片进行虚化，使整体看来没有主体；图片中人物众多，使得观众的视点不统一；在设计文字时，文字效果没有新意，没有太大的视觉冲击力。

MISSION!
2

要制作美观、漂亮的幻灯片，当然少不了图片的使用。观众面对文字和面对图片的感受是完全不同的，谁愿意花时间和精力看文字呢？使用图片可以轻松地传递演讲者的信息。在制作全图型演示文稿时，文字只是起到辅助作用，所以在设置文字时不需要太炫，以免喧宾夺主。一份好的全图型PPT，可以很好地吸引观众的目光，进而有效地传达信息。

10%

50%

逆袭效果　OK!

80%

为文本设置不同字号，并旋转一定的角度

图片中的主体人物清晰

100%

对图片应用虚化效果，并重新着色

小蔡对制作的PPT进行修改时，为了突出运动的动感，不仅将图片进行虚化，还为图片应用不同的3种单一颜色，制作成3色图片；将图片的主体人物抠取出来，使主体分明；将相关的文字进行旋转，使整个页面更加活泼、具有动感。

Point **1** 插入图片并设置艺术效果

在PowerPoint中可以为插入的图片应用20多种艺术效果，使图片可以呈现出不同的效果。本案例将介绍为图片应用虚化艺术效果的方法。

1

打开演示文稿并创建空白的幻灯片。切换至"插入"选项卡，单击"图像"选项组中"图片"按钮。

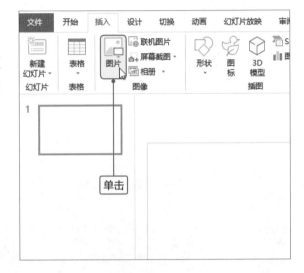

2

打开"插入图片"对话框，选择安卓系统的图片，单击"插入"按钮。

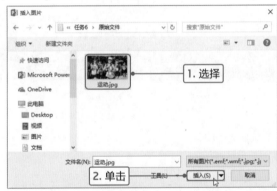

3

将选中的图片插入到幻灯片中，调整其大小和页面一样大。可见图片很清晰，但没有主体，下面需要应用虚化的效果。选中图片，切换至"图片工具-格式"选项卡，单击"调整"选项组中"艺术效果"下三角按钮，在列表中选择"虚化"选项。

4

默认的虚化半径为10，可见图片的虚化效果没有达到预期效果。再次单击"艺术效果"下三角按钮，在下拉列表中选择"艺术效果选项"选项。

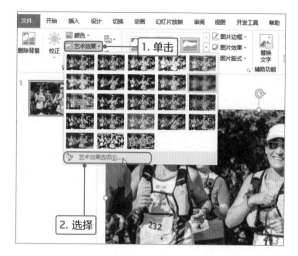

5

在页面右侧打开"设置图片格式"导航窗格，在"效果"选项卡的"艺术效果"选项区域中设置"半径"值为20。

6

设置完成后关闭该导航窗格，可见图片的虚化效果更明显了。

Tips **艺术效果**

使用PowerPoint中的"艺术效果"功能可以快速设置图片，其功能类似于Photoshop中的滤镜，从而为图片应用各种特殊的效果。对Photoshop软件熟悉的读者可以对其功能进行比较。在使用"艺术效果"功能时，最常见的就是"虚化"效果，它可以虚化背景突出主体。

Point 2 设置图片呈现 3 种颜色

在PowerPoint中对图片进行调整的功能除了"艺术效果"外，还可以对其进行重新着色，制作出各种风格的图片。在本案例中需要设置3种颜色组合的图片效果，下面介绍具体操作方法。

1

选中设置的图片，然后按Ctrl+C组合键进行复制，然后再按两次Ctrl+V组合粘贴图片，复制出两份图片。

复制两份图片

2

接着为3张图片进行重新着色，首先选择最上方的图片，切换至"图片工具-格式"选项卡，单击"调整"选项组中"颜色"下三角按钮，在下拉列表的"重新着色"选项区域中选择"橙色，个性色2浅色"选项。

1. 单击

2. 选择

3

选择中间的图片，单击"调整"选项组中"颜色"下三角按钮，在列表中选择"绿色，个性色6浅色"选项，选中的图片即应用该颜色。

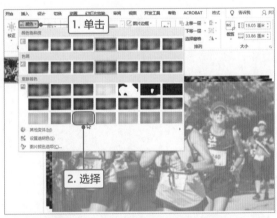

1. 单击

2. 选择

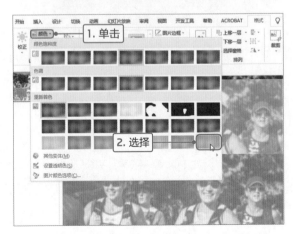

4

选中最下层的图片，单击"颜色"下三角按钮，在下拉列表中选择"蓝色，个性色5浅色"选项。

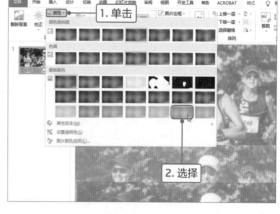

5

分别设置好各图片的颜色后，下面介绍如何制作3种颜色的图片。选中3张图片，单击"排列"选项组中"对齐"下三角按钮，在列表中选择"顶端对齐"和"左对齐"选项，使复制的两张图片与第一张图片对齐。

6

选择最上方的图片，切换至"图片工具-格式"选项卡，单击"大小"选项组中"裁剪"按钮。将光标移到图片上边的控制点，按住鼠标左键向下拖曳至2/3位置，释放鼠标。

7

根据相同的方法对中间的图片从上到下裁剪到1/3处。即可完成一张图片呈现3种颜色的效果。读者可以根据相同的方法重新设置不同的颜色。

_{Point}3 突显图片中的主体人物

至此，如果图片作为背景其效果已经很不错了，但是还是缺乏主体人物。本案例使用图片的主体为中间跑步的人物，那么我们如何将其清晰地显示出来呢？下面介绍具体操作方法。

1

在页面中插入相同的一张图片，调整到和其他图片一样大小并重合。单击"裁剪"按钮，裁剪出主体人物。

2

选择裁剪后的图片，切换至"图片工具–格式"选项卡，单击"调整"选项组中"压缩图片"按钮。

3

打开"压缩图片"对话框，在"压缩选项"选项区域中取消勾选"仅应用于此图片"复选框，单击"确定"按钮。即可删除该演示文稿中所有裁剪过图片裁剪掉的区域，此操作可以减小文档的大小。

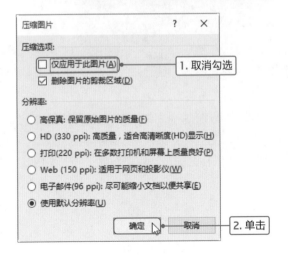

4

单击"调整"选项区域中"删除背景"按钮，通过调整将除人物外所有背景删除。删除背景后，我们发现主体人物的边缘与背景图片过渡比较生硬。

5

选择人物图片，单击"调整"选项组中"艺术效果"下三角按钮，在列表中选择"蜡笔平滑"效果，使人物与背景有平滑的过渡。

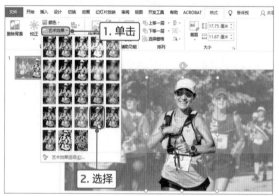

6

再次单击"艺术效果"下三角按钮，在列表中选择"艺术效果选项"选项。在打开的"设置图片格式"导航窗格中设置艺术效果的"透明度"为30%、"缩放"为70。

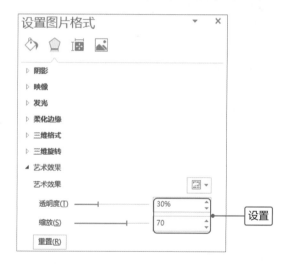

7

设置完成后，可见人物主体的边缘有平滑的效果。这样主体人物在虚化背景的衬托下更加清晰、明了。

查看突显主体人物的效果

Point 4 设计文字效果

全图型春季运动会演示文稿的背景图片设计完成后，接下来将介绍对幻灯片中字体进行设计的操作过程，下面介绍具体操作方法。

1

切换至"插入"选项卡，单击"文本框"按钮，在页面中单击并输入"跑得快"文本。然后使用相同的方法输入"升职加薪"文本。在"字体"选项组中设置字体格式，字体要求尖锐的、突出主题的，同时很活泼的效果。

输入并设置文本

2

如果觉得文字效果显得单调，可以添加椭圆形状进行修饰。首先在"形状样式"选项组中设置黑色填充和无轮廓，再设置形状的透明度为30%，最后将形状移至文本框的下方，突出显示文本。

添加并设置椭圆形状

3

最后选中文本框，单击上方旋转 图标，对文本适当旋转。根据相同的方法旋转另一个文本框，至此，全图型春季运动会海报制作完成。

查看最终效果

高效办公

为图片重新着色

对图片进行重新着色可以快速制作出个性化的图片，对于美化幻灯片有很大的帮助。选中图片，在"图片工具–格式"选项卡中，单击"调整"选项组中"颜色"下三角按钮，在下拉列表的"重新着色"选项区域中选择合适的选项。

对图片进行重新着色，可以呈现单一的颜色，消弱图片本身的色彩冲击，从而有利于文字的展示。在PowerPoint 2019中，图片的重新着色包括3种类型：冲蚀效果、单一颜色和灰度着色。

1. 冲蚀效果

冲蚀效果可以让图片看起来像蒙上一层透明的纸，呈现若隐若现的效果。对于颜色比较暗的图片，使用该效果，然后再适当设置色彩的饱和度和色调，可以增加色彩的表现力，最后再添加相应的文字。下左图为最初效果，下右图为添加冲蚀效果后的图片效果。

2. 单一颜色

单一颜色就是将图片只呈现出某一种颜色，该效果可以直接过滤掉图片中其他所有的颜色，让图片看起来更纯粹。在本节的案例任务中，将图片设置为3种单一颜色，并进行裁剪，使图片有一种耳目一新的感觉。

3. 灰度着色

谈到灰度着色时，相信大家都不会陌生，因为在制作PPT时使用比较多的就是灰色。其实灰色也是单一颜色，只是其应用很广泛，所以单独介绍，它可对文本、形状和图片设置灰色。灰度着色也可以弱化图片的背景，而且不是很艳丽，在多张图片上使用时，可以快速避掉多种颜色之间的冲突。下左图为原图，下右图为灰度着色的效果。

图片
要这么用

制作图文混排的员工培训幻灯片

企业为了使员工可以在轻松、愉快的环境中积极地投入工作，每年都会对新老员工进行相关培训。培训中为员工提供很多解决问题的方法，同时介绍如何才能愉快地工作。企业会让有经验的员工负责各项培训工作，与员工之间相互交流。厉厉哥让小蔡在制作该培训课件时，尽量少用大篇幅的文字，可以采用图文混排的方式，让培训的内容更容易被员工接受。

NG! 菜鸟效果

图片中所有人目光向前看，给观众压抑的感觉

图片有点变形

文字采用冷色调，给观众的感觉不够轻松愉悦

小蔡在制作员工培训幻灯片时，选择商务图片作为背景，虽然人物表情很轻松，但是目光盯着观众，会让人觉得不安，也容易分散观众的注意力，不能认真阅读文字；在调整图片时，为了充满整体页面，图片有点变形；在文字颜色选择时采用冷色调，与图片的色调不吻合。

MISSION!
3

在制作图文混排的演示文稿时，图片的选择还是有很多讲究的，如图片和文字相呼应、不能使用变形的图片、不能使用带水印的图片等等。当需要使用人物图片时，还应当考虑到图片中人物的目光，因为在看人物图片时，我们的目光会自然而然地顺着人物的目光方向移动。在图片上添加文字也应当考虑到人物目光的因素，这样才能引导观众去浏览文字的内容。

逆袭效果 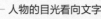 OK!

1

如何愉快地工作
HOW HAPPY WORK

1.每位员工都有事做，做正确的事。
2.每位员工都能做好份内的事。
3.在工作中每位员工可以找到自我价值
4.每位员工都享受工作的乐趣

人物的目光看向文字

文字颜色使用暖色调，让观众感觉温暖

在调整图片时进行裁剪，图片没有变形

小蔡对制作的PPT进行修改，对图片进行更换并裁剪，将人物移至页面左侧；人物的目光向右看，将文字放置在右侧，观众在浏览时会跟随人物目光的移动而转向文字；文字采用暖色调，让观众感觉很温暖。

Point **1** 插入图片并裁剪

在PowerPoint中插入图片后，可以对图片进行裁剪、调整大小等操作。在本案例中需要将图片裁剪成16:9长宽比，然后再拖曳控制点调整图片的大小。下面介绍具体操作方法。

1

打开演示文稿并创建空白的幻灯片。切换至"插入"选项卡，单击"图像"选项组中"图片"按钮。

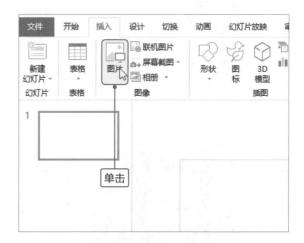

2

打开"插入图片"对话框，选择准备好的图片，单击"插入"按钮。

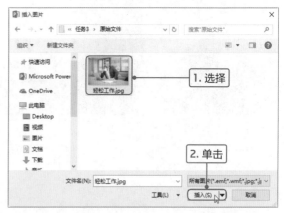

3

选中插入的图片，切换至"图片工具-格式"选项卡，单击"大小"选项组中"裁剪"下三角按钮，在列表中选择"纵横比>16：9"选项。因为该幻灯片页面大小为默认的16:9纵横比。

4

在图片中出现16:9的裁剪框，然后拖曳图片4个角的控制点，调整图片的大小。这样操作时，图片不会发生变形现象。再移动图片至裁剪框中，保留需要图片的部分，在空白处单击，即可完成图片的裁剪。

5

然后调整图片4个角的控制点，调整图片和页面一样大小。

Tips　裁剪为形状

用户也可以通过"裁剪"功能将图片裁剪为不同的形状。选中图片，单击"大小"选项组中"裁剪"下三角按钮，在列表中选择"裁剪为形状"选项，在子列表中选择合适的形状，即可将图片裁剪为该形状。

如果形状可编辑顶点，则图片也会自动依据形状的变化而自动调整，如果选择图片纵横比与形状的纵横比不一致，则裁剪后图片会依据形状进行相应的变形。

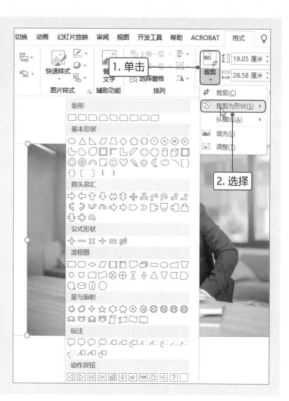

Point **2**　设置文本样式

图片调整完成后，还需要添加相关的文字。本案例的图片为暖色调，为了与其呼
应，可以将文字也设置成暖色调。为了页面的颜色不过于复杂，可以为文本填充
图片上相应的颜色。下面介绍具体操作方法。

1

单击"插入"选项卡中"文本框"按钮，在页
面中合适位置插入文本框，然后输入标题文本
和相关的英文，设置字体格式后，将字体颜色
设置为橙色。

2

然后再输入正文内容，设置该段落的行距为
1.3，并适当设置字符间距。

3

选择正文文本，切换至"绘图工具-格式"选
项卡，单击"艺术字样式"选项组中"文本填
充"下三角按钮，在下拉列表中选择"取色
器"选项。

4

此时，光标变为吸管形状，在右上角显示正方形形状，里面显示吸取的颜色。在人物黑色西服上单击，即可为选中的文字应用吸取的颜色。

5

选择插入的所有文本，切换至"绘图工具–格式"选项卡，单击"排列"选项组中"对齐"下三角按钮，在列表中选择"左对齐"选项。

6

对文本进行左对齐后，将英文文本框适当向标题文本框靠近。将正文文本框和其他两个文本框之间的距离适当调整。至此，文本格式设计完成。

Tips　**使用取色器的好处**

图片的颜色比较丰富时，在图片上添加文字后，为了不使页面的整体颜色过于复杂，可以使用取色器在图片上吸取颜色并应用于文字。

Point 3 使用形状修饰文字

文字设计完成后，还需要添加相应的形状来对文本进行突出显示，同时还起到美化页面的作用。本案例需要添加两个矩形形状，并填充不同的颜色。下面介绍具体操作方法。

1

单击"插入"选项卡中"插图"选项组中"形状"下三角按钮，在列表中选择矩形形状。

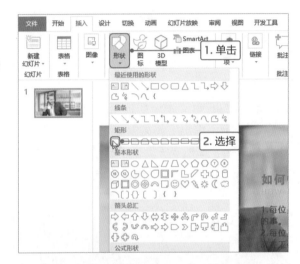

2

在页面中绘制矩形形状，使其完全覆盖住文字部分。

3

选择绘制的矩形，切换至"绘图工具–格式"选项卡，单击"形状样式"选项组中"形状填充"下三角按钮，在列表中选择"取色器"选项，吸取人物白色衬衣的颜色。

4

设置矩形形状为无边框。然后多次单击"排列"选项组中"下移一层"按钮，直到所有文字都显示出来。

5

再次在矩形形状的上方绘制小点的矩形，并填充和标题文本一样的颜色，设置为无轮廓。

6

右击小矩形形状，在快捷菜单中选择"编辑文字"命令。

7

此时矩形形状中显示文本插入点，然后输入数字1，并设置文本的格式。

8

选择所有的文本框和矩形形状，切换至"绘图工具-格式"选项卡，单击"排列"选项组中"组合"按钮，在列表中选择"组合"选项。

9

将组合后的形状移到页面的右侧，使标题文本框和人物目光在同一个水平线上。至此，本案例制作完成。

 Tips **注意文本的位置**

在制作本案例时，一再强调人物的目光，因为人物目光看的方向若和文字不统一，就不能达到想要的效果。下面通过两个展示效果进行比较。

如果将文本放置在人物目光的下方，则观众在浏览时会顺着人物的目光跑偏，很难将注意力移到文本上。

如果将文本放在人物目光的相反方向，由于图片本身形成一个视觉焦点，人物的目光和文本背道而驰，观众的注意力很容易分散到两个方向，导致该幻灯片不能达到预期的演示效果。

裁剪图片功能的应用

在PowerPoint中插入图片后，我们可以通过对图片进行裁剪达到所需的大小。选中图片，切换至"图片工具-格式"选项卡，单击"大小"选项组中"裁剪"下三角按钮，在列表中选择相应的选项。

若单击"裁剪"按钮，则图片四周会出现裁剪控制点，拖曳控制点即可裁剪图片。将图片裁剪成不同的大小，其展示的效果和韵味也不同。下左图为原始图片。将该图片从上方向下裁剪出部分空间，然后添加相应用文字的效果如下右图所示。

如果从右向左裁剪，则右侧留出大量留白，可以适当多添加点文字，如右图所示。

我们也可以通过裁剪功能，只保留图片中部分信息，下左图的原图展示的是老鹰捕捉兔子的瞬间。通过裁剪功能只保留兔子部分，将老鹰裁剪掉，然后添加相应的文字，如下右图所示。当需要图片中小部分内容时，一定要保证该图片足够清晰，否则会出现图虚的现象，这会使PPT的档次下降。

图片
要这么用

利用图片拼贴效果制作
员工出游幻灯片

企业每年都会组织员工走进大自然，享受大自然带来的愉悦心情。在此次出游活动后，厉厉哥从员工那里收集到很多优美的照片，为了将让活动更具有意义，他想将出游照片制作成幻灯片，然后向大家展示。厉厉哥将活动的照片发给小蔡，并嘱咐小蔡将此次活动制作成温馨的、体现大自然效果的PPT。

NG! 菜鸟效果

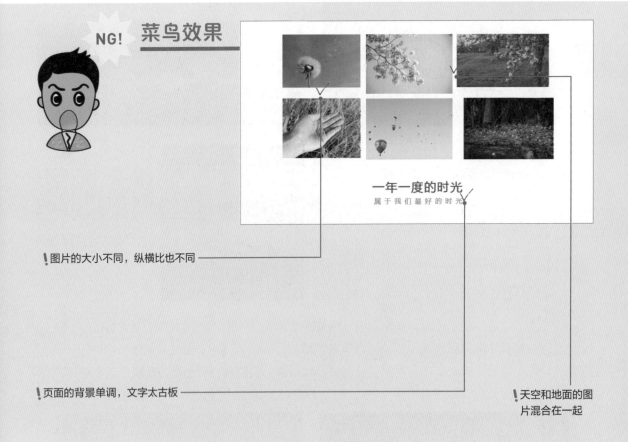

一年一度的时光

属于我们最好的时光

! 图片的大小不同，纵横比也不同

! 页面的背景单调，文字太古板

! 天空和地面的图片混合在一起

小蔡制作的图片拼贴幻灯片最大的问题在于，图片大小不一致，会让人产生一种很乱的感觉，使浏览者不知道从那里看起；图片的摆放位置不符合正常的逻辑，图片分两行排列，应当由上到下显示天空和地面；页面的背景为白色，突出不了游玩时高兴的心情，同时，文字设置比较正式不太适当轻松愉悦的环境。

MISSION!
4

在PowerPoint中，将多张漂亮的、美好的、值得回忆的照片放在一起，是一件很有意思的事情。图片拼贴展示不仅适合个人一次邂逅旅游的照片，也适合企业一次春游或拉练的照片展示。在制作图片拼贴时，还应该注意图片的大小、位置的摆放等问题，如果大小不一致或位置不合理，会让人感觉很别扭。

10 %

50 %

逆袭效果 OK!

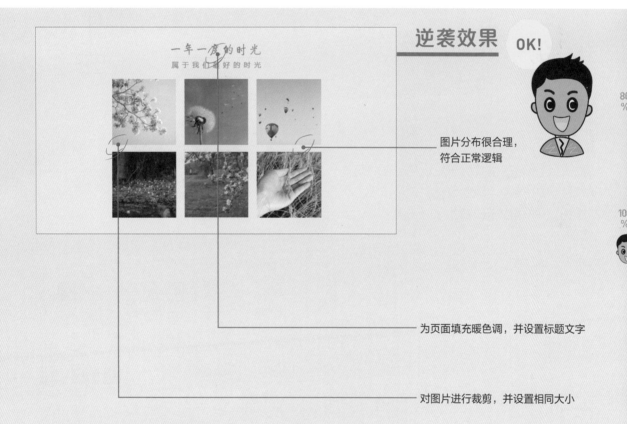

一年一度的时光
属于我们美好的时光

80 %

图片分布很合理，符合正常逻辑

100 %

为页面填充暖色调，并设置标题文字

对图片进行裁剪，并设置相同大小

小蔡对制作PPT进行修改，首先对图片进行1:1裁剪，然后统一图片的大小，使图片看起来整齐、更舒服；将天空的图片放在上一行，地面的图片放在下一行，让浏览者更清晰地查看；为页面添加温暖的浅橙色，使画面整体更温馨，标题文本设置成类似手写字体，勾起人回味当时的情境。

Point 1 设置页面背景颜色

PowerPoint中幻灯片的背景颜色默认是白色，用户可以根据需要对页面背景格式进行设置。在本案例中为了体现温馨的环境，需要将背景颜色设置成浅橙色，下面介绍具体操作方法。

1

打开演示文稿并创建空白的幻灯片。切换至"设计"选项卡，单击"自定义"选项组中"设置背景格式"按钮。

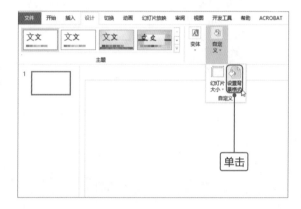

2

弹出"设置背景格式"导航窗格，在"填充"选项区域中选中"纯色填充"单选按钮，单击"颜色"下三角按钮，在列表中选择合适的颜色选项。

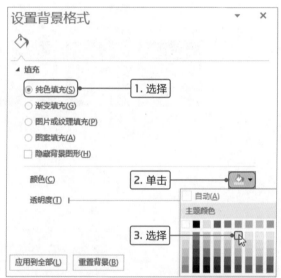

3

操作完成后，该页幻灯片的背景颜色应用了选中的颜色。如果需要将演示文稿中所有幻灯片都应用该背景颜色，则在"设置背景格式"导航窗格中设置完颜色后，单击"应用到全部"按钮即可。

Point 2 插入并编辑图片

在PowerPoint中一次可以插入多张图片，然后按照固定的纵横比对图片进行裁剪，最后再统一设置图片的大小。本案例按照 1:1纵横比裁剪图片，下面介绍具体操作方法。

1

切换至"插入"选项卡，单击"图像"选项组中"图片"按钮，打开"插入图片"对话框，按住Ctrl键选择需要插入的6张图片，单击"插入"按钮。

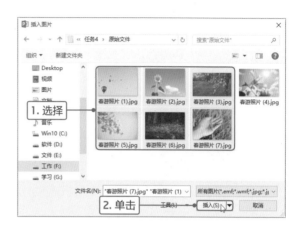

2

选择任意一张图片，切换至"图片工具-格式"选项卡，单击"大小"选项组中"裁剪"下三角按钮，在列表中选择"纵横比>1：1"选项。

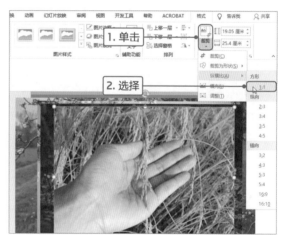

3

则图片四周出现裁剪控制框，在控制框内的图片将保留，在外面的图片被删除。单击空白处即可完成裁剪操作。

4

根据相同的方法对其他图片进行1:1的纵横比裁剪。在裁剪时，可以将光标移至图片上，变为十字箭头形状时按住鼠标左键拖曳。使图片的主体在裁剪框内。

拖曳移动图片

5

选择裁剪后的所有图片，切换至"图片工具-格式"选项卡，在"大小"选项组中设置形状高度为6厘米。

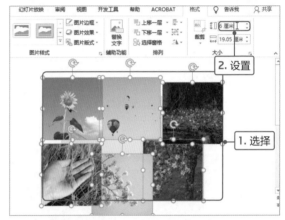

2. 设置

1. 选择

6

按Enter键，可见选中的图片均设置为长和宽为6厘米的图片。

设置图片的大小

Tips　锁定纵横比设置

在PowerPoint中设置图片大小时，默认情况下是锁定纵横比的，即设置图片高度或宽度时，会按照图片原纵横比调整图片大小。右击图片，在快捷菜单中选择"设置图片格式"命令，打开"设置图片格式"导航窗格，在"大小"选项区域中勾选或取消勾选"锁定纵横比"复选框，即可对图像的纵横比进行设置。

设置图片格式

▲ 大小
高度(E)　6 厘米
宽度(D)　6 厘米
旋转(T)　0°
缩放高度(H)　32%
缩放宽度(W)　32%
☑ 锁定纵横比(A)　　勾选
☑ 相对于图片原始尺寸(R)

Point **3** 移动并对齐图片

对图片裁剪和调整大小后，还需要合理地布置图片。将展示天空的图片放在上方，其他图片放在下方，这样在浏览时才符合正常思维。然后再设置相应的对齐方式，下面介绍具体操作方法。

1

将光标移至图片上，变为十字箭头形状时，按住鼠标左键拖曳图片至合适位置，释放鼠标左键即可。

2

根据相同的方法将天空图片移至第一行，将地面图片移至第二行。在调整图片时，图片之间距离小点，否则图片太分散了。

3

选择左侧两张照片，切换至"图片工具-格式"选项卡，单击"排列"选项组中"对齐"下三角按钮，在列表中选择"左对齐"选项。

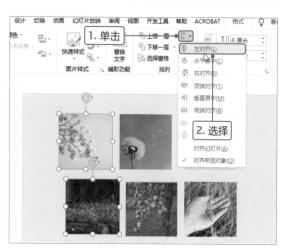

4

根据相同的方法设置右侧两张照片为"右对齐"。选择第一行3张图片，单击"对齐"下三角按钮，在列表中选择"顶端对齐"选项，然后再选择"横向分布"选项。

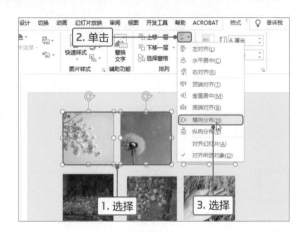

5

根据相同的方法设置第二行3张图片为"底端对齐"和"横向分布"，即可完成对图片的分布操作，可见图片布局整齐、合理。

6

选择所用图片，单击"排列"选项组中的"组合"按钮，在列表中选择"组合"选项。对图片进行组合后，可以整体移动，不会破坏现有的排列方式。

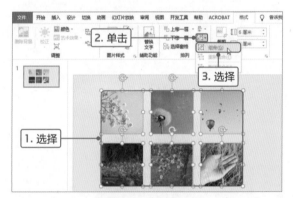

7

操作完成后，将6张图片组合在一起，再次单击"对齐"下三角按钮，在列表中选择"水平居中"选项，即可将组合图片水平居中显示。

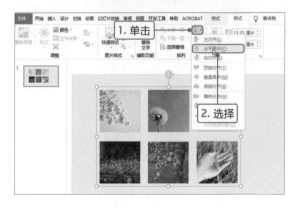

Point **4** 使用文字修饰图片

在PowerPoint中一次可以插入多张图片制作拼贴效果时，还需要添加相应的文字对整个版面进行修饰，下面介绍具体操作方法。

1

切换至"插入"选项卡，单击"文本"选项组中"文本框"按钮，在页面中单击并输入相关文本，在"字体"选项组中设置字体格式。

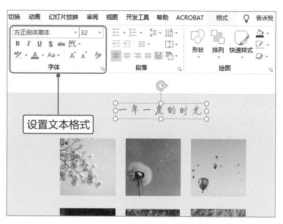

2

根据相同的方法再次输入相关文本，在"字体"选项组中设置字体、字号和颜色。字号要小点，颜色为灰色，消弱其效果。

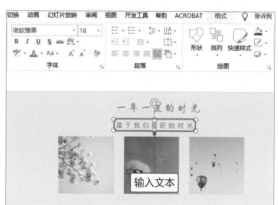

3

为了修饰文字，可以在两行文字中间添加直线，并设置粗细和颜色。其颜色应当浅点，因为其主要作用是修饰，不能过多吸引观众的目光。

4

选择两个文本框和直线形状，切换至"绘图工具-格式"选项卡，单击"排列"选项组中"组合"按钮，在列表中选择"组合"选项。同样对其进行组合、方列对齐操作。

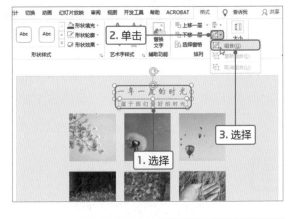

5

选择组合后的图片，单击"排列"选项组中"对齐"下三角按钮，在列表中选择"水平居中"选项。

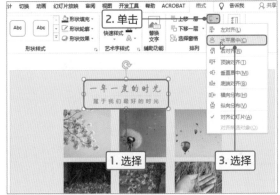

6

然后根据页面需要适当调整文字与图片之间的距离。至此，本案例制作完成，可见页面给人一种温馨、舒适的感觉。

查看最终效果

Tips **用形状代替图片**

在制作图片拼贴时，如果图片不够，可以添加相同大小的形状代替。此时需要注意形状的填充颜色要与图片的主色调一致，如在本案例中为添加的矩形填充蓝色的渐变色。

用形状代替图片

拼贴图片注意事项

在PowerPoint中制作拼贴图片时，我们还需要注意很多问题，如图片整齐对齐、大小一样，如果是人物图片，要保持人物大小一样等。

1. 整齐

在对图片进行分布时，整齐是首先要考虑的问题。如图片的纵横比一致、对齐方式统一。下左图中图片排列很零乱。将图片设置按纵横比裁剪后，其大小一样，进行底端对齐后，添加相关元素修饰，可见整体感觉也是相当整齐的，效果如下右图所示。

2. 平衡

平衡是为了减少视觉上的不稳定感，并使PPT的视觉空间得到充分利用。其原理是将PPT中各元素均衡地分布，不至于有的地方过挤，有的地方过空。如果将图片放置在左侧，则右侧过于空，此时需要添加文字等修饰元素进行平衡，如下左图所示。

3. 紧凑

让相同的元素尽量在一起，不要分散太开，这是为了将受众的目光聚焦到一个点上，更容易捕捉信息。如果太分散，则受众的目光需要不停地在PPT上找图片，如下右图所示。

4. 人物大小一致

人物大小不一致，不在同一水平线上时会造成视觉错乱，如下左图所示。下右图对图片进行裁剪，视觉干扰减少。

应用图片样式

Power Point 2019为图片提供了丰富的艺术效果，根据映像、边缘和形状不同，可分为近30种图片样式。用户只需通过简单的操作即可快速为图片应用样式，然后可以根据效果对其进行编辑。

选择插入的图片，切换至"图片工具–格式"选项卡，单击"图片样式"选项组中"其他"按钮，在打开的图片样式库中选择合适的选项。可见图片应用了选中的样式，添加了边框效果，如下图所示。

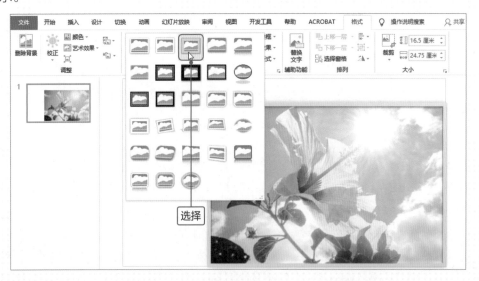

应用图片样式后，我们可以根据需要在"图片样式"选项组中设置相关参数，对应用的样式进一步设置，也可以在"设置图片格式"导航窗格中设置。

选中应用图片样式的图片，切换至"图片工具–格式"选项卡，单击"图片样式"选项组中"图片边框"下三角按钮，在列表中选择合适的颜色。可见图片的边框颜色由灰色变为浅橙色，如下左图所示。单击该选项组中"图片效果"下三角按钮，在列表中选择合适的图片效果，如"阴影"、"映像"、"发光"、"柔化边缘"、"棱台"和"三维旋转"效果，如下右图所示。

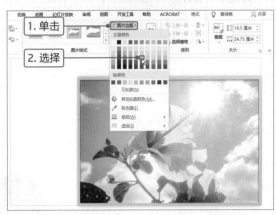

右击应用图片样式的图片，在快捷菜单中选择"设置图片格式"命令，在打开的"设置图片格式"导航窗格中，切换至"填充与线条"选项卡，在"线条"选项区域中可以设置边框线条的颜色、宽度、透明度以及线条的类型等，如下左图所示。

切换至"效果"选项卡，用户可以为图片添加相应的效果，或者为应用的效果设置相关参数。在本案例中应用"金属框架"图片样式，图片应用了边框效果和棱台效果，在"三维格式"选项区域中设置棱台的相关参数，如下右图所示。

在"图片样式"选项组中除了设置图片样式的效果外，还可以设置图片的版式。选择插入的图片，切换至"图片工具-格式"选项卡，单击"图片样式"选项组中"图片版式"下三角按钮，在列表中选择合适的版式，如下左图所示。如在列表中选择"交替图片圆形"选项，然后输入相关文本并设置格式，在打开的"SmartArt工具-设计"选项卡设置样式，效果如下右图所示。

为图片应用版式后，即可转换为SmartArt图形，在功能区显示"SmartArt工具"选项卡，其中包括"设计"和"格式"两个子选项卡。在"设计"子选项卡中，可以更改SmartArt图形的颜色、样式或者更改其版式；在"格式"选项卡中可以设置形状填充、轮廓、效果以及排列等内容。

读书笔记

表格的活用

表格一向是数据展示最好的方式,可以精确地、有条理地、清晰地将数据展示给受众。表格比文本更简单易懂、清晰明了,而且使用表格还可以对数据进行计算和分析,这是其他展示形式所无法相提并论的,使用表格展示数据要比文本的效果好很多,重点突出,容易理解。在PowerPoint中还可以插入Excel电子表格,充分弥补了PowerPoint中表格无法计算的问题,在本章中可以通过Excel电子表格计算数据并分析数据,还可以插入数据透视表动态分析数据。

 使用表格展示数据 → P.114

 对表格中的数据进行分析 → P.126

 动态分析表格中的数据 → P.138

表格的活用

使用表格展示数据

五一小长假结束，销售部门对卖场各个手机品牌的销售情况进行统计，分别统计出各品牌手机的销售数量、销售总额。厉厉哥为了让企业管理层更清楚、明了地查看销售数据，他吩咐小蔡对统计的数据进行处理，要求除了统计的两项数据外，还要统计出平均每天的销售额。为了更好地展示统计的数据，小蔡将在PPT中输入相关数据并计算，然后放映给管理层观看。

NG! 菜鸟效果

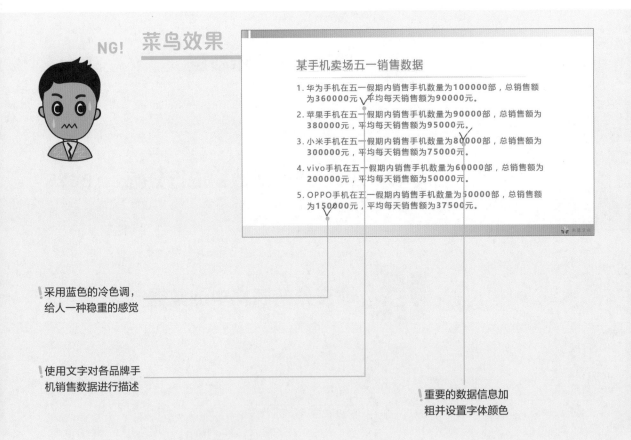

某手机卖场五一销售数据

1. 华为手机在五一假期内销售手机数量为100000部，总销售额为360000元，平均每天销售额为90000元。

2. 苹果手机在五一假期内销售手机数量为90000部，总销售额为380000元，平均每天销售额为95000元。

3. 小米手机在五一假期内销售手机数量为80000部，总销售额为300000元，平均每天销售额为75000元。

4. vivo手机在五一假期内销售手机数量为60000部，总销售额为200000元，平均每天销售额为50000元。

5. OPPO手机在五一假期内销售手机数量为50000部，总销售额为150000元，平均每天销售额为37500元。

!采用蓝色的冷色调，给人一种稳重的感觉

!使用文字对各品牌手机销售数据进行描述

!重要的数据信息加粗并设置字体颜色

小蔡在将销售数据在PPT中展示时，采用蓝色的冷色调，让受众感觉销售数据应当很惨淡；通过文本的形式展示各品牌手机的销售数量，会给受众产生一种压力和抗拒的心理；为所有数据加粗并设置蓝色字体，在观看时受众无法抓住重点，不知道从何处观看。

MISSION!
1

在PowerPoint中表格是非常重要的数据展示方式，它相较于文字有其特有的优势，如以表格形式展示数据更有条理性，而且能让观众对数据信息一目了然。用户还可以对表格进行一定的美化操作，以便更好地吸引观众的眼球，从而使数据传达更有效。在表格中如果需要突出某些特殊的数据，还可以对单元格或单元格内的数据进行格式设置。总之，表格对展示数据方面更具有优势。

10%

50%

逆袭效果 OK!

某手机卖场五一销售数据

品牌	销售数量(部)	销售金额(元)	平均每天销售额(元)
华为	100000	360000	90000
苹果	90000	380000	95000
小米	80000	300000	75000
vivo	60000	200000	50000
OPPO	50000	150000	37500
合计	380000	1390000	347500

未蓝文化

100%

使用表格的方式展示数据

采用橙色的暖色调，给人一种温暖、舒适的感觉

将重要的数据信息突出显示

小蔡采用表格的形式展示数据，并以橙色的暖色调为主，给人一种温暖、兴奋的感觉；通过表格有条理地展示数据，简单易懂，受众也容易接受；使用红色突出销售数量、销售金额和平均每天销售额的最大值，更直观、显眼。

Point 1 插入表格

表格是PowerPoint的重要元素，当需要插入表格时，我们可以在"插入"选项卡中进行操作。在插入表格前，要对表格的框架有一个基本的构思，如行和列的数量，下面介绍具体操作方法。

1

在插入表格之前，首先制作表格的标题。在幻灯片中插入横排文本框，并输入"某手机卖场五一销售数据"文本，然后设置文本的格式，并添加艺术效果。此操作可以根据用户个人喜好进行设置，但是字体颜色以橙色为主。

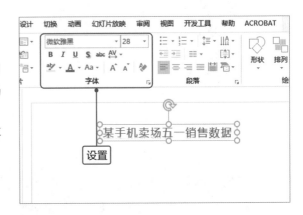

2

切换至"插入"选项卡，单击"表格"选项组中"表格"下三角按钮，在列表中选择"插入表格"选项。

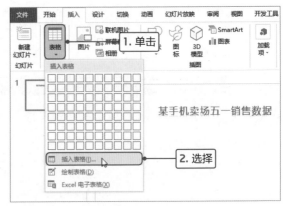

3

打开"插入表格"对话框，设置"列数"为4、"行数"为6，单击"确定"按钮。

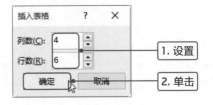

 Tips 通过占位符插入表格

在幻灯片中，如果包含占位符，则直接单击"插入表格"占位符，也可以打开"插入表格"对话框，然后设置相关来进行表格的插入操作。

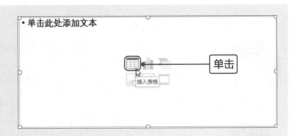

4

返回演示文稿中，即可显示插入的4列6行的表格，同时在功能区显示"表格工具"选项卡。将光标移至表格四角的控制点上，按住鼠标左键拖曳，适当调整表格的大小。

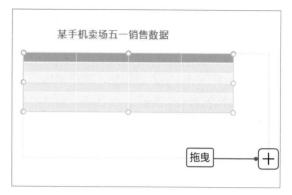

5

选择插入的表格，切换至"表格工具-布局"选项卡，单击"排列"选项组中"对齐"下三角按钮，在列表中选择"水平居中"选项。将表格移到中心位置，然后再适当调整垂直方向的位置。

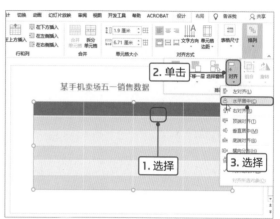

6

然后将表格的标题和表格设置对齐方式，使标题文本对齐表格的左侧。

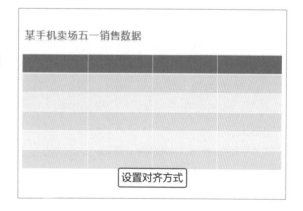

Tips 在"表格"下拉列表中创建表格

单击"表格"下三角按钮，在下拉列表中选择10列8行的方格，用户可以移动光标选择需要的列和行的数量，在方格上方也会有列数×行数的提示。光标移到合适位置单击，即可在页面中创建指定的表格。

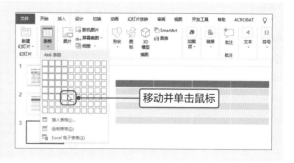

Point **2** 设置行高和列宽

在PowerPoint中插入表格后，用户可以根据输入内容的需要和表格的美观性适当调整表格的行高和列宽。默认插入表格的行高和列宽都是均匀分布的，下面介绍具体的操作方法。

1

首先介绍手动调整表格列宽的方法，将光标移到需要调整列宽列右侧的边界线上，光标变为双向箭头时，按住鼠标左键左右移至合适位置释放鼠标即可。

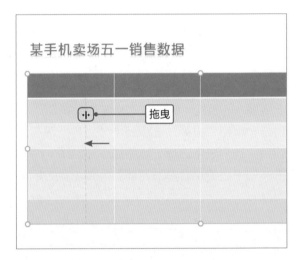

2

第一列的列宽调整完成后，根据相同的方法将第四列列宽增宽。可见中间两列的列宽不一致，选中这两列，切换至"表格工具-布局"选项卡，单击"单元格大小"选项组中"分布列"按钮。

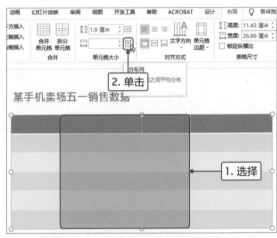

3

操作完成后，可见选中的两列平均分布列宽，即两列的列宽一样。"分布行"按钮是将选中的行平均分布行高。

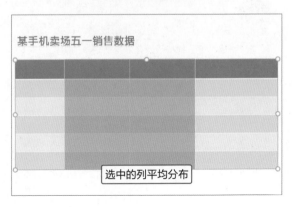

4

接着介绍行高的设置，将光标移到第一行最左侧，变为向右的黑色箭头时单击，即可选中该行。切换至"表格工具-布局"选项卡，在"单元格大小"选项组中设置高度的值为2厘米。

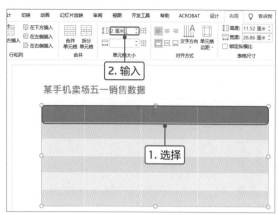

10
%

50
%

Tips 精确设置列宽

选择需要设置列宽的列，在"单元格大小"选项组的"宽度"数值框中输入相关数值，即可精确设置列宽。其中列宽和行高的单位是厘米。

100
%

5

选择其他所有的行，根据相同的方法设置行高为1.7厘米。至此，完成表格列宽和行高的设置操作。

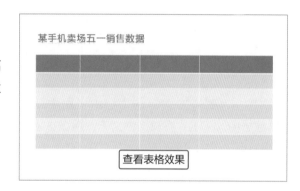

Tips 合并与拆分单元格

在制作表格时，经常需要对单元格进行操作，如合并或拆分单元格。

首先选择需要合并的单元格并右击，在快捷菜单中选择"合并单元格"命令，或者单击"合并"选项组中"合并单元格"按钮，即可将选中的单元格合并为一个大的单元格。

如果需要将一个单元格拆分为多个单元格，可以单击"拆分单元格"按钮，打开"拆分单元格"对话框，设置列数和行数值，即可将选中的单元格拆分为多个单元格。

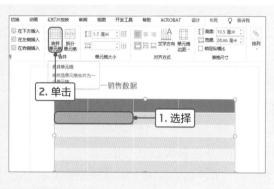

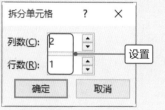

Point 3 输入数据并设置格式

表格设置完成后，接着输入相关的数据信息，为了表格更美观，还需要对文本进行设计。如设置文本大小、字体以及对齐方式等，下面介绍具体操作方法。

1

根据采集的信息，在表格中输入相关数据。表格中数据均为默认状态，对齐方式均为左对齐，其中标题为白色，其他文本为黑色。

某手机卖场五一销售数据

品牌	销售数量(部)	销售金额(元)	平均每天销售额(元)
华为	100000	360000	90000
苹果	90000	380000	95000
小米	80000	300000	75000
vivo	60000	200000	50000
OPPO	50000	150000	37500

在表格中输入数据

2

选择表格，切换至"表格工具-布局"选项卡，分别单击"对齐方式"选项组中"居中"和"垂直居中"按钮，将表格中文本设置在水平和垂直方向上居中对齐。

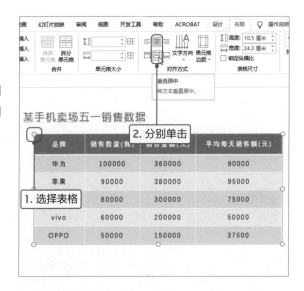

3

保持表格为选中状态，切换至"开始"选项卡，在"字体"选项组中设置字体格式。然后选中第一行的标题，设置字号为20，比正文字号大。

某手机卖场五一销售数据

品牌	销售数量(部)	销售金额(元)	平均每天销售额(元)
华为	100000	360000	90000
苹果	90000	380000	95000
小米	80000	300000	75000
vivo	60000	200000	50000
OPPO	50000	150000	37500

设置文本的字体和字号

4

为了突出各项目中最大的数值，选中该单元格内的数值，在"字体"选项组中设置加粗、字体颜色为深红色。然后使用格式刷将其他需要突出的文本进行格式复制。

5

要制作合计行格式，则将光标定位在最后一行中任意位置，切换至"表格工具–布局"选项卡，单击"行和列"选项组中"在下方插入"按钮。

6

即可在表格最下方插入一行，然后输入合计的相关数据。

某手机卖场五一销售数据

品牌	销售数量(部)	销售金额(元)	平均每天销售额(元)
华为	100000	360000	90000
苹果	90000	380000	95000
小米	80000	300000	75000
vivo	60000	200000	50000
OPPO	50000	150000	37500
合计	380000	1390000	347500

Tips **插入与删除行或列**

在制作表格时，用户可以根据需要对行或列执行删除和插入操作。无论是删除或插入都需要选择相关对象，选择一行时，单击"行和列"选项组中"删除"下三角按钮，在列表中选择"删除行"选项，即可删除选中的行。

选择多行或多列时，如果单击"右上方插入"或"在下方插入"按钮，则会插入选中行数量相同的空白行，如果单击"在左侧插入"或"在右侧插入"按钮，则会插入选中列数量的空白列。

Point **4** 对表格进行美化

本案例以橙色为主色调，而默认的表格颜色以蓝色为主，所以需要对表格进行适当调整。本案例介绍如何通过快速套用表格样式的方法对表格进行美化的操作，下面介绍具体操作步骤。

1

选择表格，切换至"表格工具–设计"选项卡，单击"表格样式"选项组中"其他"按钮。

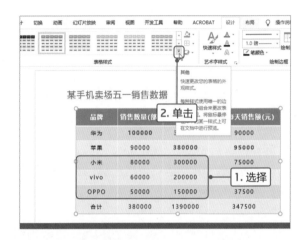

2

在打开的表格样式列表库中选择合适的样式，此处选择"中度样式2-强调2"选项。

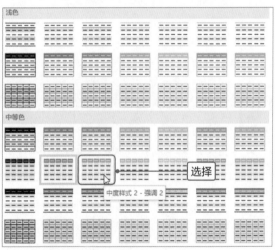

Tips　**清除表格样式**

如果需要清除表格样式，则选中表格后，单击"表格样式"选项组中"其他"按钮，在列表中选择"清除样式"选项即可。

3

操作完成后，可见选中的表格应用了表格样式，表格以橙色为主，很符合我们的需求。

Tips　**设置表格的效果**

选择表格，在"表格样式"选项组中单击"效果"下三角按钮，在列表中可以为表格应用"单元格凹凸效果"、"阴影"和"映象"等效果。

某手机卖场五一销售数据

品牌	销售数量(部)	销售金额(元)	平均每天销售额(元)
华为	100000	360000	90000
苹果	90000	380000	95000
小米	80000	300000	75000
vivo	60000	200000	50000
OPPO	50000	150000	37500
合计	380000	1390000	347500

查看应用表格样式后的效果

4

为了在表格中突出合计行的数据，选中表格，切换至"表格工具-设计"选项卡，勾选"表格样式选项"选项组中"汇总行"复选框。合计行的填充颜色加深显示，文本颜色为白色。

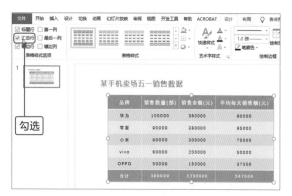

5

用户也可以根据需要设置表格的填充颜色，以突出该行。选中合计行，然后单击"表格样式"选项组中"底纹"下三角按钮，在列表中选择适合的底纹颜色，即可完成该行底纹颜色的设置。

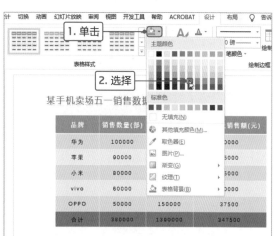

6

保持该行为选中状态，然后切换至"开始"选项卡，在"字体"选项组中设置字体的颜色。至此，表格制作完成。

某手机卖场五一销售数据

品牌	销售数量(部)	销售金额(元)	平均每天销售额(元)
华为	100000	360000	90000
苹果	90000	380000	95000
小米	80000	300000	75000
vivo	60000	200000	50000
OPPO	50000	150000	37500
合计	380000	1390000	347500

设置合计行的字体格式

7

然后，将需要突出的文本再次设置。可见该页面比较空旷，则在幻灯片的上方和下方添加相应的形状，并设置填充颜色以橙色为主。然后在右下方添加企业的LOGO等元素。

某手机卖场五一销售数据

品牌	销售数量(部)	销售金额(元)	平均每天销售额(元)
华为	100000	360000	90000
苹果	90000	380000	95000
小米	80000	300000	75000
vivo	60000	200000	50000
OPPO	50000	150000	37500
合计	380000	1390000	347500

表格边框的美化

表格是由多条边框组成的，在PowerPoint中可以设置单个表格、单个行或列、单个单元格边框的颜色、线型或粗细。

在幻灯片中创建表格后，切换至"表格工具-设计"选项卡，在"绘制边框"选项组中可以设置边框的线型、粗细和颜色。设置完成后，单击"表格样式"选项组中边框下三角按钮，在列表中选择合适的选项。

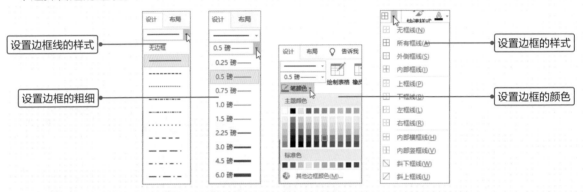

用户可以应用"绘制表格"功能绘制出表格的各种边框效果，当需要绘制复杂的边框时利用该功能可以大大提高制表效率，而且可以绘制出复杂的形状。

下左图中的表格，只添加上框线和下框线，现在需要在标题下方和合计上方添加框线，并且使用不同粗细的线条。在"绘制边框"选项组中设置线型为实线、粗细为2.25磅、颜色为橙色，此时"绘制表格"按钮被激活，光标为铅笔形状。然后将光标移到标题行的下方，可见出现虚线线条，向右拖曳到表格最右侧，如下右图所示。

某手机卖场五一销售数据			
品牌	销售数量(部)	销售金额(元)	平均每天销售额(元)
华为	100000	360000	90000
苹果	90000	380000	95000
小米	80000	300000	75000
vivo	60000	200000	50000
OPPO	50000	150000	37500
合计	380000	1390000	347500

某手机卖场五一销售数据			
品牌	销售数量(部)	销售金额(元)	平均每天销售额(元)
华为	100000	360000	90000
苹果	90000	380000	95000
小米	80000	300000	75000
vivo	60000	200000	50000
OPPO	50000	150000	37500
合计	380000	1390000	347500

最后释放鼠标左键即可完成，标题行下方框线的绘制如下左图所示。根据相同的方法，设置细一点的框线，然后在合计行上方绘制，如下右图所示。

Tips　设置无边框更清楚显示添加的框线

为了更清晰地展示添加的框线，可以先清除表格的样式，然后再设置无框线。选中表格，单击"表格样式"选项组中边框下三角按钮，在列表中选择"无框线"选项即可。

某手机卖场五一销售数据			
品牌	销售数量(部)	销售金额(元)	平均每天销售额(元)
华为	100000	360000	90000
苹果	90000	380000	95000
小米	80000	300000	75000
vivo	60000	200000	50000
OPPO	50000	150000	37500
合计	380000	1390000	347500

某手机卖场五一销售数据			
品牌	销售数量(部)	销售金额(元)	平均每天销售额(元)
华为	100000	360000	90000
苹果	90000	380000	95000
小米	80000	300000	75000
vivo	60000	200000	50000
OPPO	50000	150000	37500
合计	380000	1390000	347500

　　根据表格"边框"下拉列表中的选项，可以绘制出一些特殊的、复杂的表格形状。下左图为原始表格，即为清除表格样式后的效果。然后设置表格为无框线，再选择中间上两行的单元格，在"边框"列表中依次选择"上框线"、"左框线"、"右框线"选项，最后根据相同的方法设置其他单元格的框线，最终制作成大加号形状，如下右图所示。

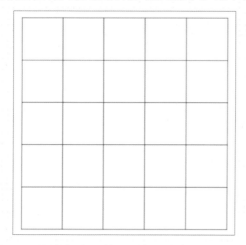

　　用户还可以设置边框的线型、颜色、粗细，绘制出更多精美的表格边框。如设置外边框为黑色实线、精细为2.25磅；内部框线为虚线、粗线为1磅，如下左图所示。设置除第一列外所有单元格的下边框为虚线，选择左上角第一个单元格，在"边框"列表中选择"斜下框线"选项，添加斜线，如下右图所示。

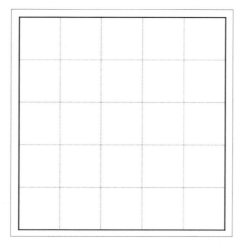
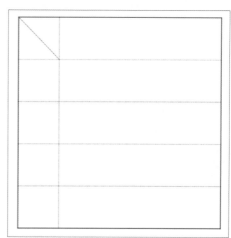

表格的活用

对表格中的数据进行分析

第一季度刚结束，企业为了更好地掌控生产情况，现需要对前3个月每位员工的生产数据进行统计分析。此项任务厉厉哥依旧安排给小蔡了，并要求小蔡统计的数据一定要实事求是，体现出员工的真实生产能力。小蔡领到任务后，立刻使用PPT制作表格，并进行设计，制作出美观的表格，以便在会议上进行展示。

NG! 菜鸟效果

第一季度员工生产统计表

员工编号	员工姓名	车间	1月	2月	3月
SY001	李松安	一车间	24666	24432	22338
SY002	魏健通	二车间	20728	20547	22967
SY003	刘伟	二车间	26451	26362	24475
SY004	朱秀美	一车间	20591	20357	24046
SY005	韩姣倩	三车间	29307	29073	20167
SY006	马正泰	二车间	21873	21692	20140
SY007	于顺康	二车间	24429	24248	20263
SY008	韩姣倩	二车间	21575	21486	23993
SY009	武福贵	一车间	20846	20612	23992
SY010	张婉静	二车间	21129	21040	22466
SY011	李宁	一车间	27291	27057	20218
SY012	杜贺	二车间	28442	28353	20348
SY013	吴鑫	一车间	24037	23856	23138
SY014	金兴	一车间	26065	25976	22921
SY015	沈安坦	三车间	25302	25213	20929
SY016	苏新	三车间	27022	26788	24989
SY017	丁兰	一车间	26660	26426	21145
SY018	王达刚	三车间	20241	20060	23159
SY019	季珏	三车间	25893	25804	20786

未蓝文化

没有突出特殊的数据

没有对数据进行排序

输入数据，没有对数据进行计算

小蔡考虑到使用PPT方便展示数据，所以他在幻灯片中插入表格，并输入数据。该幻灯片在播放时，由于数据比较多，让浏览者抓不住重点，而且枯燥的数据会产生视觉疲劳。

MISSION!
2

在PowerPoint中制作表格，其计算和分析数据的功能远远达不到Excel的能力，那么如何弥补PPT的这一弱点呢？微软已经解决了这个问题，将PowerPoint和Excel两个组件进行无缝链接，即可在PowerPoint中应用Excel的功能。用户在对数据进行计算和分析时，在PowerPoint中也可以轻松实现。如统计员工第一季度的生产数量后，可以对数据进行平均值以及求和运算，还可以对数据进行排序和应用条件格式。

10%

50%

100%

逆袭效果　OK!

第一季度员工生产统计表

员工编号	员工姓名	车间	1月	2月	3月	平均数量	生产总数
SY014	金兴	一车间	26065	25976	22921	24987	74962
SY011	李宁	一车间	27291	27057	20218	24855	74566
SY017	丁兰	一车间	26660	26426	21145	24744	74231
SY001	李松安	一车间	24666	24432	22338	23812	71436
SY013	吴鑫	一车间	24037	23856	23138	23677	71031
SY009	武福贵	一车间	20846	20612	23992	21817	65450
SY004	朱秀美	一车间	20591	20357	24046	21665	64994
SY003	刘伟	二车间	26451	26362	24475	25763	77288
SY012	杜贺	二车间	28442	28353	20348	25714	77143
SY007	于顺康	二车间	24429	24248	21263	23313	69940
SY008	韩姣倩	二车间	21575	21486	23993	22351	67054
SY010	张婉静	二车间	21129	21040	22466	21545	64635
SY002	魏健通	二车间	20728	20547	22967	21414	64242
SY006	马正泰	二车间	21873	21692	20140	21235	63705
SY016	苏新	三车间	27022	26788	24989	26266	78799
SY005	韩姣倩	三车间	29307	29073	20167	26182	78547
SY019	季廷	三车间	25893	25804	20786	24161	72483
SY015	沈安坦	三车间	25302	25213	20929	23815	71444
SY018	王达刚	三车间	20241	20060	23159	21153	63460

使用函数计算平均值和总和

使用条件格式突出显示数据

对数据进行排序，更条理地查看数据

小蔡为了将数据展示更清楚，在PPT中插入Excel电子表格，使用函数计算出平均值和生产总数；然后对数据进行排序，使数据有条理地展示出来；最后突出显示平均值最大的3个数据。

Point 1 插入表格并输入数据

PowerPoint和Excel都是Office的重要组件，它们之间可以无缝链接。在PowerPoint中可以插入Excel电子表格，并使用Excel的相关功能，下面介绍插入Excel电子表格的方法。

1

打开演示文稿并创建空白的幻灯片后，首先设置幻灯片的大小和页面背景。即切换至"设计"选项卡，单击"自定义"选项组中"幻灯片大小"下三角按钮，在列表中选择"标准（4:3）"选项。

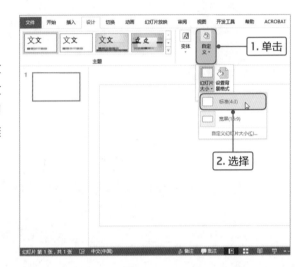

2

在"自定义"选项组中单击"设置背景格式"按钮，在打开的"设置背景格式"导航窗格中选中"纯色填充"单选按钮，然后设置颜色为浅灰色。

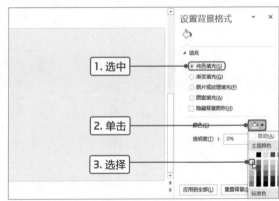

3

幻灯片的页面设置完成后，为该页面添加形状、企业Logo图片和企业名称等元素，并设置形状的填充颜色为浅绿色。

添加形状、图片和文本

4

下面介绍Excel电子表格的插入方法。切换至"插入"选项卡，单击"表格"选项组中"表格"下三角按钮，在列表中选择"Excel电子表格"选项。

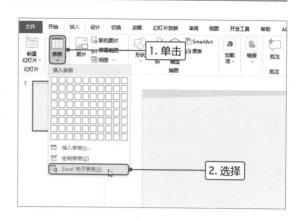

5

返回到幻灯片中，拖曳电子表格控制点，适当调整其大。在功能区将显示Excel的所有功能。

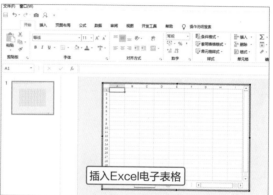

6

然后在Excel电子表格中输入相关采集数据。在"开始"选项卡的"字体"选项组中设置文本的格式和标题行的填充颜色。因为需要计算员工的平均生产数量和生产总数，所以在表格最右侧预留两列。

员工编号	员工姓名	车间	1月	2月	3月	平均数量	生产总数
SY001	李松安	一车间	24666	24432	22338		
SY002	魏健通	二车间	20728	20547	22967		
SY003	刘伟	二车间	26451	26362	24475		
SY004	朱秀美	一车间	20591	20357	24046		
SY005	韩蛟倩	三车间	29307	29073	20167		
SY006	马正泰	二车间	21873	21692	20140		
SY007	于顺康	二车间	24429	24248	21263		
SY008	韩蛟倩	二车间	21575	21486	23993		
SY009	武福贵	一车间	20846	20612	23992		
SY010	张婉静	二车间	21129	21040	22466		
SY011	李宁	一车间	27291	27057	20218		
SY012	杜贺	二车间	28442	28353	20348		
SY013	吴鑫	一车间	24037	23856	23138		
SY014	金兴	一车间	26065	25976	22921		
SY015	沈安坦	三车间	25302	25213	20929		
SY016	苏新	三车间	27022	26788	24989		
SY017	丁兰	一车间	26660	26426	21145		
SY018	王达刚	三车间	20241	20060	23159		
SY019	季廷	三车间	25893	25804	20786		

7

将表格移到页面偏下的位置，然后在上方输入表格的标题文本，并设置标题的格式。

第一季度员工生产统计表

员工编号	员工姓名	车间	1月	2月	3月	平均数量	生产总数
SY001	李松安	一车间	24666	24432	22338		
SY002	魏健通	二车间	20728	20547	22967		
SY003	刘伟	二车间	26451	26362	24475		
SY004	朱秀美	一车间	20591	20357	24046		
SY005	韩蛟倩	三车间	29307	29073	20167		
SY006	马正泰	二车间	21873	21692	20140		
SY007	于顺康	二车间	24429	24248	21263		
SY008	韩蛟倩	二车间	21575	21486	23993		
SY009	武福贵	一车间	20846	20612	23992		
SY010	张婉静	二车间	21129	21040	22466		
SY011	李宁	一车间	27291	27057	20218		
SY012	杜贺	二车间	28442	28353	20348		
SY013	吴鑫	一车间	24037	23856	23138		
SY014	金兴	一车间	26065	25976	22921		
SY015	沈安坦	三车间	25302	25213	20929		
SY016	苏新	三车间	27022	26788	24989		
SY017	丁兰	一车间	26660	26426	21145		
SY018	王达刚	三车间	20241	20060	23159		
SY019	季廷	三车间	25893	25804	20786		

Point 2 计算员工3个月的生产量

在PowerPoint 2019中直接插入表格是无法对数据进行计算的，但是插入Excel电子表格后就可以了。Excel电子表格的最大功能就是数据的计算和分析，下面先介绍数据的计算方法。

1

双击插入的Excel电子表格，即可在功能区显示Excel的相关功能。选中G2单元格，切换至"开始"选项卡，单击"编辑"选项组中"自动求和"下三角按钮，在列表中选择"平均值"选项。

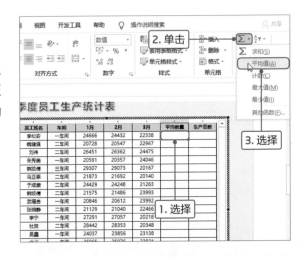

2

在G2单元格中显示"=AVERAGE（D2:F2）"公式，AVERAGE函数用于计算数据的平均值。

员工编号	员工姓名	车间	1月	2月	3月	平均数量
SY001	李松安	一车间	24666	24432	=AVERAGE(D2:F2)	
SY002	魏健通	二车间	20728	20547	22567	
SY003	刘伟	二车间	26451	26362	24475	
SY004	朱秀美	一车间	20591	20357	24046	
SY005	韩绞倩	三车间	29307	29073	20167	
SY006	马正泰	二车间	21873	21692	20140	
SY007	于顺康	二车间	24429	24248	21263	
SY008	韩绞倩	二车间	21575	21486	23993	
SY009	武福贵	一车间	20846	20612	23992	
SY010	张婉静	二车间	21129	21040	22466	
SY011	李宁	一车间	27291	27057	20218	
SY012	杜贺	二车间	28442	28353	20348	
SY013	吴鑫	二车间	24037	23856	23138	
SY014	金兴	一车间	26065	25976	22921	
SY015	沈安坦	三车间	25302	25213	20929	
SY016	苏新	三车间	27022	26788	24989	

显示计算公式

3

按Enter键即可计算出第一位员工的平均生产数量。选中G2单元格，将光标移至右下角填充柄上方，变为黑色十字形状时按住鼠标左键向下拖曳，即可将公式向下填充，并计算出所有员工的平均生产数量。

员工编号	员工姓名	车间	1月	2月	3月	平均数量	生产总数
SY001	李松安	一车间	24666	24432	22338	23812	
SY002	魏健通	二车间	20728	20547	22967	21414	
SY003	刘伟	二车间	26451	26362	24475	25762.667	
SY004	朱秀美	一车间	20591	20357	24046	21664.667	
SY005	韩绞倩	三车间	29307	29073	20167	26182.333	
SY006	马正泰	二车间	21873	21692	20140	21235	
SY007	于顺康	二车间	24429	24248	21263	23313.333	
SY008	韩绞倩	二车间	21575	21486	23993	22351.333	
SY009	武福贵	一车间	20846	20612	23992	21816.667	
SY010	张婉静	二车间	21129	21040	22466	21545	
SY011	李宁	一车间	27291	27057	20218	24855.333	
SY012	杜贺	二车间	28442	28353	20348	25714.333	
SY013	吴鑫	二车间	24037	23856	23138	23677	
SY014	金兴	一车间	26065	25976	22921	24987.333	
SY015	沈安坦	三车间	25302	25213	20929	23814.667	
SY016	苏新	三车间	27022	26788	24989	26266.333	
SY017	丁兰	一车间	26660	26426	21145	24743.667	
SY018	王达刚	三车间	20241	20060	23159	21153.333	
SY019	季珏					24161	

填充公式并查看计算结果

4

计算的平均值有的包含小数，那么还需要进一步设置。选择平均数量列所有数据，按Ctrl+1组合键，打开"设置单元格格式"对话框，在"数字"选项卡的"分类"列表框中选择"数值"选项，在右侧设置小数位数为0，单击"确定"按钮。设置完成后，平均数量列的数值均为整数。

5

选择H2单元格，然后输入"=SUM（D2:F2）"公式。其中SUM函数用于计算数据之和。

1月	2月	3月	平均数量	生产总数
24666	24432	22338	23812	=SUM(D2:F2)
20728	20547	22967	21414	
26451	26362	24475	25763	
20591	20357	24046	21665	
29307	29073	20167	26182	
21873	21692	20140	21235	
24429	24248	21263	2331	输入求和公式
21575	21486	23993	22351	
20846	20612	23992	21817	
21129	21040	22466	21545	
27291	27057	20218	24855	
28442	28353	20348	25714	
24037	23856	23138	23677	
26065	25976	22921	24987	
25302	25213	20929	23815	
27022	26788	24989	26266	

6

按Enter键执行计算，然后将该公式向下填充到表格结尾。在表格外单击，即可退出Excel电子表格编辑模式。至此，完成对每位员工3个月生产数量的计算操作。

第一季度员工生产统计表

员工编号	员工姓名	车间	1月	2月	3月	平均数量	生产总数
SY001	李松安	一车间	24666	24432	22338	23812	71436
SY002	魏健通	二车间	20728	20547	22967	21414	64242
SY003	刘伟	二车间	26451	26362	24475	25763	77288
SY004	朱秀美	一车间	20591	20357	24046	21665	64994
SY005	韩玫倩	三车间	29307	29073	20167	26182	78547
SY006	马正泰	二车间	21873	21692	20140	21235	63705
SY007	于顺康	二车间	24429	24248	21263	23313	69940
SY008	韩玫倩	二车间	21575	21486	23993	22351	67054
SY009	武福贵	一车间	20846	20612	23992	21817	65450
SY010	张婉静	一车间	21129	21040	22466	21545	64635
SY011	李宁	一车间	27291	27057	20218	24855	74566
SY012	杜贺	二车间	28442	28353	20348	25714	77143
SY013	吴鑫	一车间	24037	23856	23138	23677	71031
SY014	金兴	一车间	26065	25976	22921	24987	74962
SY015	沈安坦	三车间	25302	25213	20929	23815	71444
SY016	苏新	三车间	27022	26788	24989	26266	78799
SY017	丁兰	一车间	26660	26426	21145	24744	74231
SY018	王达刚	三车间			3159	21153	63460
SY019	季珏	三车间			0786	24161	72483

查看计算数据结果

Point 3 对表格中数据进行排序

在分析数据时，经常需要按照某顺序查看数据，如从小到大或从大到小的顺序，当然也可以根据需要对多个关键字进行不同的排序。下面介绍对数据进行排序的具体操作方法。

1

双击Excel电子表格，选择表格内任意单元格，切换至"数据"选项卡，单击"排序和筛选"选项组中"排序"按钮。

Tips 对单个数据进行排序

用户如果只对某个字段的数据进行排序，则只需要选中该字段列任意单元格，然后切换至"数据"选项卡，单击"排序和筛选"选项组中"升序"或"降序"按钮即可。

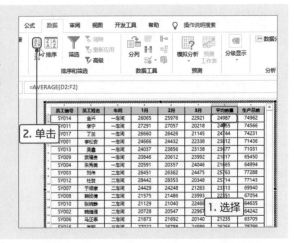

2

打开"排序"对话框，设置"主要关键字"为"车间"，单击"次序"下三角按钮，在列表中选择"自定义序列"选项。

3

打开"自定义序列"对话框,在"输入序列"
文本框中输入车间的名称,然后按Enter键换
行,单击"添加"按钮,即可将设置的车间顺
序添加到"自定义序列"列表中,再单击"确
定"按钮。

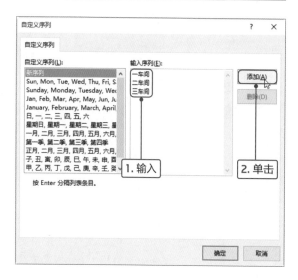

4

返回"排序"对话框,单击"添加条件"按
钮,然后设置"次要关键字"为"生产总数"、
"次序"为"降序",单击"确定"按钮。

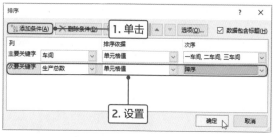

5

返回工作表中,可见车间按指定的顺序排列,
相同车间的,按生产总数的降序排列。

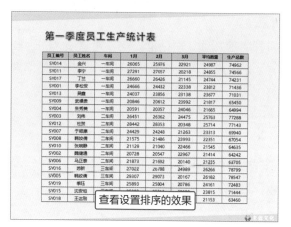

Tips **设置按笔划排序**

当对汉字进行排序时,默认是按照字母排序的,用户可
以根据需要设置按笔划排序。在"排序"对话框单击
"选项"按钮,打开"排序选项"对话框,在"方法"选
项区域中选中"笔划排序"单选按钮,单击"确定"按
钮即可。

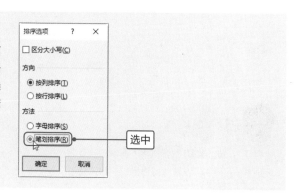

Point 4 突显平均数最多的 3 个数据

在对数据进行分析时，经常需要查看最多的几个数据，如本案例中需要突出显示平均数量最多的3个数据，此时，可以应用"条件格式"功能。下面介绍具体操作方法。

1

选择"平均数量"列的所有数据，切换至"开始"选项卡，单击"样式"选项组中"条件格式"下三角按钮，在列表中选择"最前/最后规则>前10项"选项。

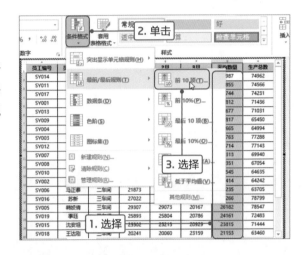

2

打开"前10项"对话框，在"为值最大的那些单元格设置格式"数值框中输入3，保持其他参数不变，单击"确定"按钮。

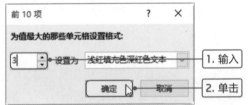

3

返回演示文稿中，可见平均数量最多的3个数据以深红色字体、浅红色底纹显示。

第一季度员工生产统计表

员工编号	员工姓名	车间	1月	2月	3月	平均数量	生产总数
SY014	金兴	一车间	26065	25976	22921	24987	74962
SY011	李宁	一车间	27291	27057	20218	24855	74566
SY017	丁兰	一车间	26660	26426	21145	24744	74231
SY001	李松安	一车间	24666	24432	22338	23812	71436
SY013	阿鲁	一车间	24037	23856	23138	23677	71031
SY009	武娉意	一车间	20846	20612	23992	21817	65450
SY004	朱秀美	一车间	20591	20357	24046	21665	64994
SY003	刘帅	二车间	26451	26362	24475	25763	77288
SY012	杜贺	二车间	28442	28353	20348	25714	77143
SY007	于璐菲	二车间	24429	24248	21263	23313	69940
SY008	韩皎倩	二车间	21575	21486	23993	22351	67054
SY010	张明静	二车间	21129	21040	22466	21545	64635
SY002	裴健通	二车间	20728	20547	22967	21414	64242
SY006	马正泰	二车间	21873	21692	20140	21235	63705
SY016	苏乔	三车间	27022	26788	24989	26266	78799
SY005	韩皎倩	三车间	29307	29073	20167	26182	78547
SY019	季珏	三车间	25893	25804	20786	24161	72483
SY015	沈安姐	三车间	23902	23215	20929	23815	71444
SY018	王达刚	三车间	20241	20060	23159	21153	63460

查看最终效果

Tips 自定义突出格式

在打开的"前10项"对话框中，可以自定义突出的格式。单击"设置为"下三角按钮，在列表中选择"自定义格式"选项，在打开的"设置单元格格式"对话框中设置字体、边框和填充等格式。

表格的其他应用

表格的应用非常广泛，因为表格的功能很强大，由于篇幅有限介绍的表格应用也有限，下面再介绍几种表格的应用方法。

1. 突出重复值

在表格中输入数据时，有时会因为粗心大意输入重复的内容，此时可以使用条件格式对重复值进行突出显示。

在统计员工第一季度生产数量后，检查是否有重复输入的员工姓名。首先选择"员工姓名"列所有数据单元格区域，切换至"开始"选项卡，单击"样式"选项组中"条件格式"下三角按钮，在列表中选择"突出显示单元格规则>重复值"选项，如下左图所示。打开"重复值"对话框，单击"设置为"下三角按钮，在列表中选择"自定义格式"选项，如下右图所示。

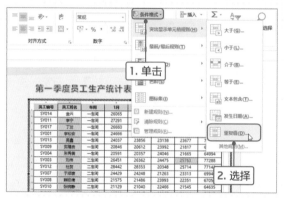
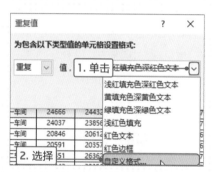

打开"设置单元格格式"对话框，在"字体"选项卡下设置字体颜色为白色，在"边框"选项卡下设置外边框的颜色为紫色，在"填充"选项卡下设置填充颜色为红色，这样可以突出显示效果，如下左图所示。依次单击"确定"按钮返回演示文稿中，可见重复的单元格应用设置的效果，如下右图所示。

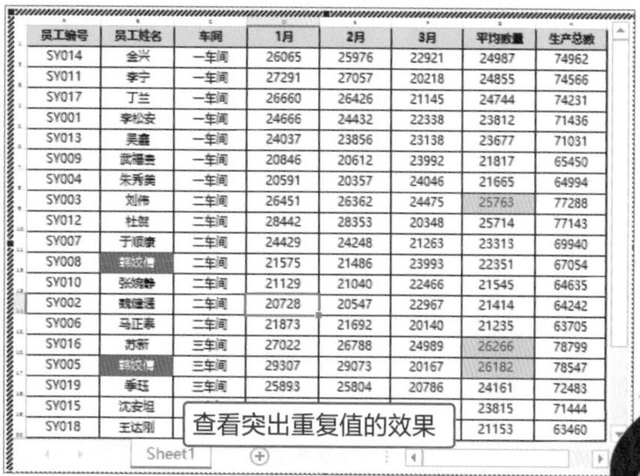

员工编号	员工姓名	车间	1月	2月	3月	平均数量	生产总数
SY014	金兴	一车间	26065	25976	22921	24987	74962
SY011	李宁	一车间	27291	27057	20218	24855	74566
SY017	丁兰	一车间	26660	26426	21145	24744	74231
SY001	李松安	一车间	24666	24432	22338	23812	71436
SY013	吴鑫	一车间	24037	23856	23138	23677	71031
SY009	武福贵	一车间	20846	20612	23992	21817	65450
SY004	朱秀美	一车间	20591	20357	24046	21665	64994
SY003	刘伟	二车间	26451	26362	24475	25763	77288
SY012	杜�	二车间	28442	28353	20348	25714	77143
SY007	于顺素	二车间	24429	24248	21263	23313	69940
SY008	韩纹傅	二车间	21575	21486	23993	22351	67054
SY010	张婍静	二车间	21129	21040	22466	21545	64635
SY002	魏健逐	二车间	20728	20547	22967	21414	64242
SY006	马正素	二车间	21873	21692	20140	21235	63705
SY016	苏新	三车间	27022	26788	24989	26266	78799
SY005	韩纹傅	三车间	29307	29073	20167	26182	78547
SY019	季廷	三车间	25893	25804	20786	24161	72483
SY015	沈安组	三车间				23815	71444
SY018	王达刚					21153	63460

查看突出重复值的效果

2. 筛选数据

在表格中对数据分析时，使用筛选功能，可以将我们想查看的数据显示出来，将其他数据隐藏。

选择表格中任意单元格，切换至"数据"选项卡，单击"排序和筛选"选项组中"筛选"按钮，如下左图所示。可见表格标题行右侧显示筛选按钮，单击"车间"右侧筛选按钮，在列表中取消勾选"二车间"复选框，单击"确定"按钮，如下右图所示。

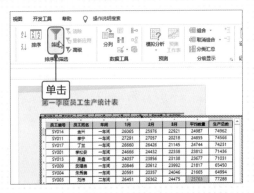
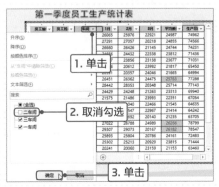

返回演示文稿中，可见只显示一车间和三车间的相关信息，如下左图所示。除了对汉字进行筛选外，也可以对数字进行筛选，则单击"生产总量"筛选按钮，在列表中选择"数据筛选>大于或等于"选项，如下右图所示。

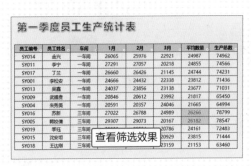

打开"自定义自动筛选方式"对话框，在"大于或等于"右侧数值框中输入70000，然后单击"确定"按钮，如下左图所示。返回演示文稿中，可见只显示生产总量大于或等于70000的数据信息，如下右图所示。

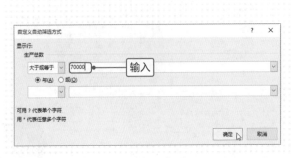

3. 为表格应用图片效果

在PowerPoint中对表格的设置仅限于表格的边框、颜色等，并不能很好地美化表格。此时可以将表格保存为图片格式，然后为其应用图片效果，进一步美化表格。下面介绍具体操作方法。

首先选择创建的表格，然后按Ctrl+C组合键进行复制，然后切换至需要粘贴的幻灯片，单击鼠标右键，在快捷菜单的"粘贴选项"下方选择"图片"命令，如下左图所示。即可完成将表格保存为图片的操作，选择表格的图片，在功能区显示"图片工具"选项卡，如下右图所示。粘贴为图片后，用户可以调整控制点设置图片的大小，即可为其应用图片的基本操作。

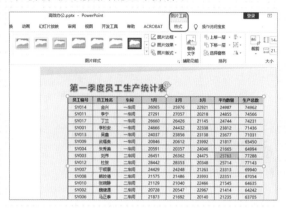

PowerPoint无法为粘贴成图片的表格应用艺术效果，用户可以为其调整亮度、对比度或着重新着色，如下图所示。

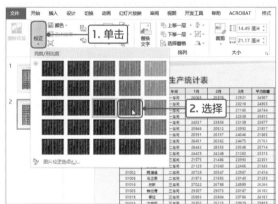

用户也可以为其应用图片样式，在"图片样式"选项组中选择合适的样式，然后再设置图片的边框和效果等，右图为应用"旋转，白色"样式的效果。

表格的活用

动态分析表格中的数据

第一季度刚结束，企业相关部门对一线生产工人的产量进行统计。生产部门共有3个车间，现在需要对各车间的生产数量进行比较，以便更好地管理各车间。对数据分析应当首选Excel，但制作出来的表格需要放映出来，以供开会讨论，所以必须使用PowerPoint来制作表格。小蔡汇总整理各项数据后，将在PowerPoint中应用表格展现车间的数据。

NG! 菜鸟效果

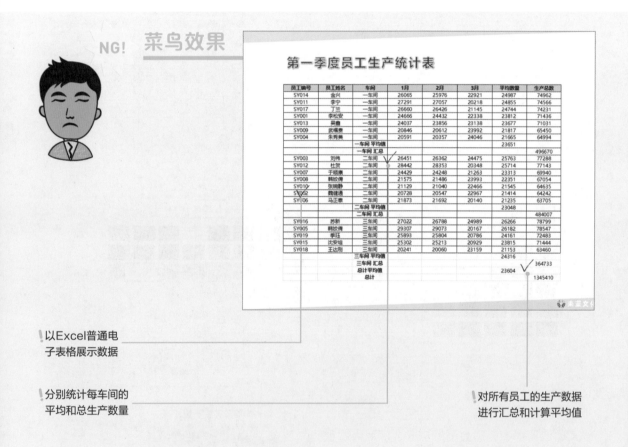

第一季度员工生产统计表

员工编号	员工姓名	车间	1月	2月	3月	平均数量	生产总数
SY014	金兴	一车间	26065	25976	22921	24987	74962
SY011	李宁	一车间	27291	27057	20218	24855	74566
SY017	丁兰	一车间	26660	26426	21145	24744	74231
SY001	李松安	一车间	24666	24432	22338	23812	71436
SY013	吴鑫	一车间	24037	23856	23138	23677	71031
SY009	武福豪	一车间	20846	20612	23992	21817	65450
SY004	朱秀美	一车间	20591	20357	24046	21665	64994
		一车间 平均值				23651	
		一车间 汇总					496670
SY003	刘伟	二车间	26451	26362	24475	25763	77288
SY012	杜贺	二车间	28442	28353	20348	25714	77143
SY007	于娜靡	二车间	24429	24248	21263	23313	69940
SY008	韩蛟倩	二车间	21575	21486	23993	22351	67054
SY010	张婉静	二车间	21129	21040	22466	21545	64635
SY002	魏建遥	二车间	20728	20547	22967	21414	64242
SY006	马正泰	二车间	21873	21692	20140	21235	63705
		二车间 平均值				23048	
		二车间 汇总					484007
SY016	苏新	三车间	27022	26788	24989	26266	78799
SY005	韩蛟倩	三车间	29307	29073	20167	26182	78547
SY019	季廷	三车间	25893	25804	20786	24161	72483
SY015	沈安坦	三车间	25302	25213	20929	23815	71444
SY018	王达刚	三车间	20241	20060	23159	21153	63460
		三车间 平均值				24316	
		三车间 汇总					364733
		总计平均值				23604	
		总计					1345410

以Excel普通电子表格展示数据

分别统计每车间的平均和总生产数量

对所有员工的生产数据进行汇总和计算平均值

小蔡对数据进行分类汇总，分别汇总生产数量的平均值和总生产量，但是汇总数据之后采购数量排序比较乱，没有规则，因为对多字段进行分类汇总后无法进行排序操作；最后，使用电子表格分析生产数据时，不能根据需要快速显示相对应的数据。

MISSION!
3

数据透视表是Excel最重要的分析工具，它是从Excel数据列表中总结信息的分析工具。数据透视表综合了数据排序、筛选和分类汇总等分析功能的优点，可以根据需要方便、快速调整分类汇总的方式。在本案例中，需要根据车间和员工姓名对相关数据进行汇总和最大值显示，汇总后还需要对数据进行排序，使数据有规则地排序。为了更能体现各车间生产数量和总生产数量的关系，将相关数据以百分比方式显示。

逆袭效果　OK!

第一季度员工生产统计表

车间	员工姓名	求和项:1月	求和项:2月	求和项:3月	最大生产量	百分比
一车间	李宁	27291	27057	20218	74566	5.54%
	丁兰	26660	26426	21145	74231	5.52%
	李松安	24666	24432	22338	71436	5.31%
	金兴	26065	25976	22921	74962	5.57%
	吴鑫	24037	23856	23138	71031	6.28%
	武福贵	20846	20612	23992	65450	4.86%
	朱秀美	20591	20357	24046	64994	4.83%
一车间 汇总		170156	168716	157798	74962	36.92%
二车间	马玉华	21873	21692	20140	63705	4.73%
	杜贺	28442	28353	20348	77143	5.73%
	于顺康	24429	24248	21263	69940	5.20%
	张娜静	21129	21040	22466	64635	4.80%
	傅业通	20728	20547	22967	64242	4.77%
	韩皎倩	21575	21486	23993	67054	4.98%
	刘伟	26451	26362	24475	77288	5.74%
二车间 汇总		164627	163728	155652	77288	35.97%
三车间	陈皎倩	29307	29073	20167	78547	5.84%
	季珏	25893	25804	20786	72483	5.39%
	沈安坦	25302	25213	20929	71444	5.31%
	王达刚	20241	20060	23159	63460	4.72%
	苏新	27022	26788	24989	78799	5.86%
三车间 汇总		127765	126938	110030	78799	27.11%
总计		462548	459382	423480	78799	100.00%

将生产数量之和以百分比显示

使用数据透视表分析生产数量

统计出每车间最大生产数量

小蔡对生产数据进行重新分析，这次他使用数据透视表汇总生产数量的最大值，汇总后还对3月份员工产量进行升序排序；将生产总数以百分比方式显示，很明显地比较各数据之间关系；最后，使用数据透视表对数据进行动态分析，通过"数据透视表字段"导航窗格快速对表格数据和字段进行设置。

Point 1 创建数据透视表

在PowerPoint中插入Excel电子表格后，可以使用Excel中的功能对数据进行分析操作。为了更好、更灵活地分析数据，可以创建数据透视表，下面介绍具体的操作方法。

1

打开"员工生产统计表.pptx"演示文稿，双击Ecxel电子工作表，选中表格内任意单元格，切换至"插入"选项卡，单击"表格"选项组中"数据透视表"按钮。

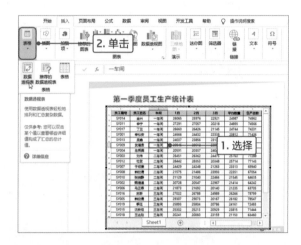

2

打开"创建数据透视表"对话框，保持"表/区域"文本框中为默认的单元格区域，然后单击"确定"按钮。

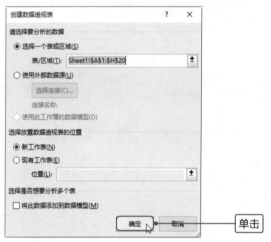

3

返回演示文稿中，可见新建Sheet2工作表，并创建一个空白的数据透视表，在右侧打开"数据透视表字段"导航窗格。

4

在"选择要添加到报表的字段"列表框中勾选"车间"和"员工姓名"复选框，可见两个字段自动在"行"区域中显示，并且在数据透视表中添加相关信息。此处保证"车间"字段在"员工姓名"字段的上方。

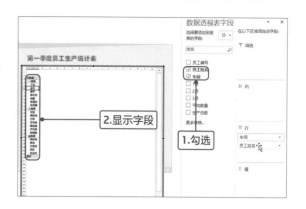

Tips 调整导航窗格布局

用户可以根据需要设置字段节和区域节的布局。单击"数据透视表字段"导航窗格中"工具"下三角按钮，在列表中选择合适的选项即可。

5

用户也可以选中某字段，然后拖曳至合适的区域，如选中"1月"字段并拖曳至"值"区域，根据相同的方法将"2月"、"3月"和"生产总量"字段也拖曳至"值"区域，其中"生产总量"拖曳两次。

Tips 快速创建数据透视表

用户可以使用"推荐的数据透视表"功能快速创建数据透视表。选择数据区域任意单元格，切换至"插入"选项卡，在"表格"选项组中单击"推荐的数据透视表"按钮，打开"推荐的数据透视表"对话框，在左侧选择合适的数据透视表样式，单击"确定"按钮即可。

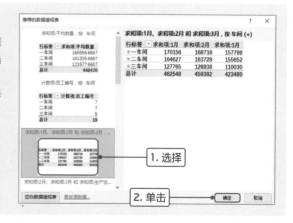

141

Point **2** 设置数据的计算和显示方式

创建数据透视表时，默认情况下是对"值"区域中的数值进行汇求和，用户可以根据需要设置计算的类型和数据的显示方式。本案例需要计算每个车间生产总量的最大值，并将数据以百分比方式显示出来。下面介绍具体的操作方法。

1

选择"求和项：生产总量"列中任意单元格，切换至"数据透视表工具-分析"选项卡，单击"活动字段"选项组中"字段设置"按钮。

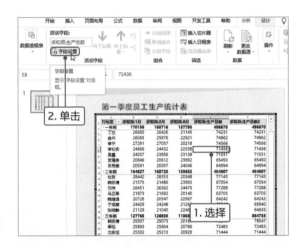

2

打开"值字段设置"对话框，在"值汇总方式"选项卡的"计算类型"列表框中选择"最大值"选项，然后在"自定义名称"文本框中输入"最大生产量"，最后单击"确定"按钮。

3

返回演示文稿中，可见数据透视表汇总各车间最大的生产数量，字段的名称被修改为指定的名称。

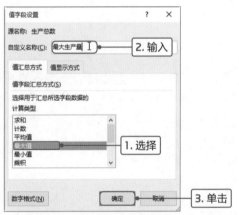

4

选择最右侧"求和项:生产数量"字段列任意单元格并右击,在快捷菜单中选择"值字段设置"命令。

5

打开"值字段设置"对话框,切换至"值显示方式"选项卡,单击"值显示方式"下三角按钮,在列表中选择"列汇总的百分比"选项,然后在"自定义名称"文本框中输入"百分比"文本,单击"确定"按钮。

6

返回演示文稿中,可见最右侧数据以百分比的形式显示。显示每个车间以及所有员工生产数量所占生产总数的百分比。

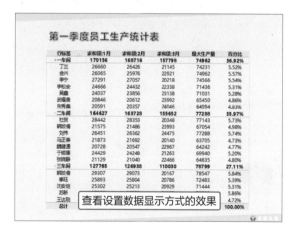

Tips **在"数据透视表字段"导航窗格中打开"值字段设置"对话框**

在"数据透视表字段"导航窗格的"值"区域中单击"求和项:生产总数"字段,在快捷菜单中选择"值字段设置"命令,即可打开"值字段设置"对话框。此操作步骤中需要注意是单击某字段,而不是右击字段。

Point 3 对数据进行排序

创建数据透视表后，用户在对数据进行分析时可以进行排序操作。在数据透视表中可以对行字段和值字段进行排序，如本案例中首先对行标签中的"员工姓名"字段进行降序排列，然后对"值"区域中的相关字段进行排列，下面介绍具体操作方法。

1

在数据透视表中单击"行标签"右侧下三角按钮，在列表中设置"选择字段"为"员工姓名"，然后选择"降序"选项。

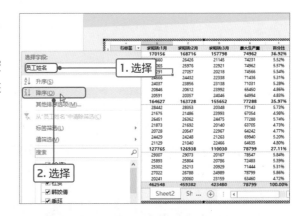

2

返回工作表中，可见"地区"字段按降序排序，"行标签"右侧的下三角按钮变为 ，其中箭头向下表示降序，箭头向上表示升序。

行标签	求和项:1月	求和项:2月	求和项:3月	最大生产量	百分比
一车间	170156	168716	157798	74962	36.92%
朱秀美	20591	20357	24046	64994	4.83%
武福贵	20846	20612	23992	65450	4.86%
吴鑫	24037	23856	23138	71031	5.28%
李松安	24666	24432	22338	71436	5.31%
李宁	27291	27057	20218	71031	5.54%
金兴	26065	25976	22921	74962	5.57%
丁兰	26660	26426	21145	74231	5.52%
二车间	164627	163728	155652	77288	35.97%
张婉静	21129	21040	22466	64635	4.80%
于顺康	24429	24248	21263	69940	5.20%
魏健通	20728	20547	22967	64242	4.77%
马正泰	21873	21692	20140	63705	4.73%
刘伟	26451	26362	24475	77288	5.74%
韩姣倩	21575	21486	23993	67054	4.98%
杜贺	28442	28353	20348	77143	5.73%
三车间	127 查看对员工姓名排序的效果				27.11%
王达刚	202				4.72%
苏新	27022	26788	24989	78799	5.86%

Tips 手动拖曳对行字段进行排序

用户可以手动拖曳行字段调整顺序，选择A4单元格，将光标移至边框上，变为 形状时按住鼠标左键拖曳至合适的位置，拖曳时在下方显示粗的深绿色横线，表示拖曳的位置，如"一车间"的下方，释放鼠标左键即可。我们也可以根据相同的方法拖曳员工姓名字段，进行排序。

行标签	求和项:1月	求和项:2月	求和项:3月
一车间	170156	168716	157798
武福贵	20846	20612	23992
朱秀美	20591	20357	24046
吴鑫	24037	23856	23138
李松安	24666	24432	22338
选中	27291	27057	20218
金兴	26065	25976	22921
丁兰	26660	26426	21145
二车间	164627	163728	155652
张婉静	21129	21040	22466
于顺康	24429	24248	21263
魏健通	20728	20547	22967

3

下面介绍对"求和项：3月"进行升序排列的方法。选择该列员工姓名的任意单元格，如D5单元格，切换至"数据"选项卡，单击"排序和筛选"选项组中"排序"按钮。

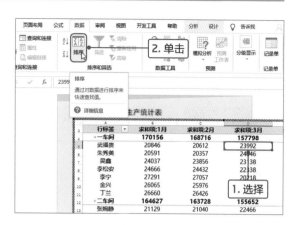

4

打开"按值排序"对话框，在"排序选项"选项区域中选中"升序"单选按钮，在"排序方向"选项区域中选中"从上到下"单选按钮，然后单击"确定"按钮。

5

返回工作表中，可见3月各员工的生产数量中除了汇总的最大值外，其他在车间统计的数据按升序排列。

行标签	求和项:1月	求和项:2月	求和项:3月	最大生产量	百分比
一车间	170156	168716	157798	74962	36.92%
李宁	27291	27057	20218	74566	5.54%
丁兰	26660	26426	21145	74231	5.52%
李松安	24666	24432	22338	71436	5.31%
金兴	26065	25976	22921	74962	5.57%
吴鑫	24037	23856	23138	71031	5.28%
武福贵	20846	20612	23992	65450	4.86%
朱秀美	20591	20357	24046	64994	4.83%
二车间	164627	163728	155652	77288	35.97%
马正泰	21873	21692	20140	63705	4.73%
杜贺	28442	28353	20348	77143	5.73%
于顺康	24429	24248	21263	69940	5.20%
张婉静	21129	21040	22466	64635	4.80%
魏健通	20728	20547	22967	64242	4.77%
韩姣倩	21575	21486	23993	67054	4.98%
刘伟	26451	26362	24475	77288	5.74%
三车间	127765	126938	110030	78799	27.11%
韩姣倩	29307	29073	20167	78547	5.84%
季珏	25893	25804	20786	72483	5.39%
沈安坦	25302	25213	20929	71444	5.31%
王达刚	2			63460	4.72%
苏新	2			78799	5.86%
总计	462548	459382	423480	78799	100.00%

查看3月生产数量升序效果

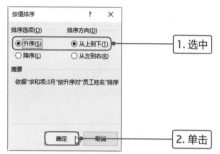

Tips **对汇总数据进行排序**

对3月生产数据进行排序时，汇总数据是不变化的，如果对汇总数据进行排序，则选中任意汇总数据并右击，在快捷菜单中选择"排序"命令，在子菜单中选择合适的排序方式即可。该操作只对汇总的数据进行排序，对车间内员工生产数据是不影响的。

Point 4 美化数据透视表

数据透视表制作完成后，用户可以应用数据透视表样式为数据透视表快速美化。默认情况下数据是以压缩形式显示的，查看数据很不方便，所以还需要设置其布局方式，下面介绍具体操作方法。

1

选择数据透视表中任意单元格，切换至"数据透视表工具–设计"选项卡，单击"数据透视表样式"选项组中"其他"按钮，在打开的样式库中选择合适的样式选项。

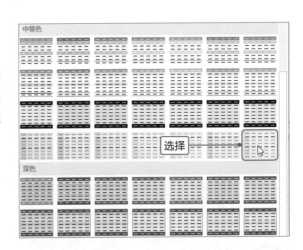

2

返回演示文稿中，可见数据透视表应用了选中的样式。行标题单元格填充稍深点的绿色，员工姓名以深绿色显示，汇总数据以黑色显示。

3

接着再设置数据透视表的布局，切换至"数据透视表工具–分析"选项卡，单击"数据透视表"选项组中"选项"按钮。

4

打开"数据透视表选项"对话框，切换至"显示"选项卡，勾选"经典数据透视表布局（启用网格中的字段拖放）"复选框，单击"确定"按钮。

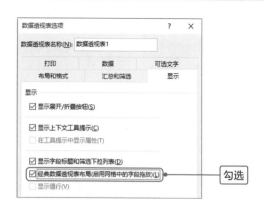

5

返回演示文稿中，可见行标签分两行显示，并且汇总数据在每组数据的底部显示。这样也符合人们查看数据的习惯。

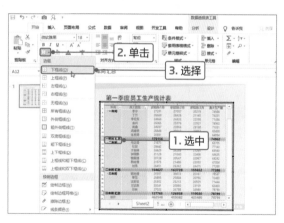

6

在"开始"选项卡的"边框"列表中设置边框的颜色为白色、线型为实线。然后将光标移到A12单元格中，变为向右的黑色箭头时单击，即可选择所有汇总行，再次在"边框"列表中选择"下框线"选项。

7

操作完成后即可在每组数据的下方添加白色实线，方便查看数据。适当调整表格的大小，并设置表格的对齐方式。至此，数据透视表制作完成。

数据透视表中字段的操作

本任务主要介绍，在PowerPoint中如何利用Excel的功能对数据进行动态分析，其中有很多对字段的操作，下面介绍删除字段和展开/折叠活动字段的方法。

1. 删除字段

用户使用数据透视表分析数据时，如果不需要对某字段分析，可以将该字段删除，下面介绍删除字段的操作方法。

选中数据透视表区域中任意单元格，在"数据透视表字段"导航窗格的相应区域中单击需要删除的字段，如"求和项:1月"字段，在快捷菜单中选择"删除字段"命令。

用户也可以在"选择要添加到报表的字段"列表框中取消勾选需要删除的字段复选框，也可以删除该字段。

2. 展开/折叠活动字段

数据透视表中使用多个字段时，活动字段存在主次关系，通过展开或折叠字段可以满足用户在不同情况下分析数据的需求。下面将对行字段进行展开或折叠操作，下面介绍具体操作方法。

步骤01 选择数据透视表中需要折叠的行字段所在的任意单元格，如A6单元格，切换至"数据透视表工具-分析"选项卡，单击"活动字段"选项组中"折叠字段"按钮。

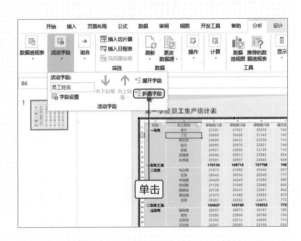

步骤02 可见员工姓名字段数据信息均被隐藏起来，只显示各车间的汇总数据和总计信息。如需要展开员工姓名数据，则单击"展开字段"按钮即可。

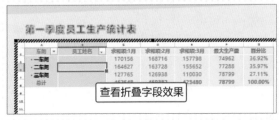

查看折叠字段效果

如果需要展开部分字段，则单击需要展
开字段左侧按钮即可。如单击"一车间"左
侧按钮，则只展开一车间员工的相关信息，其
他车间为折叠状态。

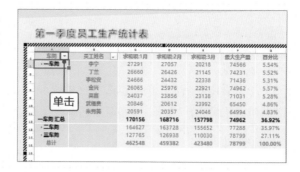

步骤04 在本案例中，还可以根据需要对员工展
开显示特定的信息。选择需要展开字段所在单
元格，如A6单元格，在"活动字段"选项组中
单击"展开字段"按钮。

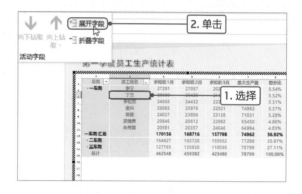

步骤05 打开"显示明细数据"对话框，在"请
选择待要显示的明细数据所在的字段"列表框
中选择需要显示的数据，如"平均数量"，单击
"确定"按钮。

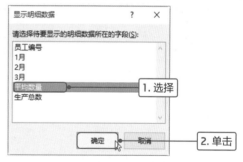

步骤06 返回演示文稿中，可见在所有员工下方
显示该员工的平均生产数量，并且在行字段中
添加"平均数量"字段。

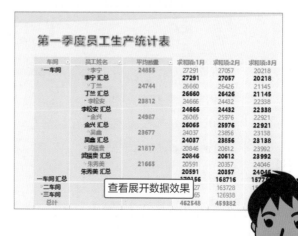

菜鸟加油站

表格的填充美化

为了美化表格，用户可以为表格填充颜色、图片、纹理或渐变色等。对表格进行填充时，可以为单元格填充，也可以作为表格的背景填充。下面介绍具体操作方法。

1. 填充纯色

首先选择插入的表格，切换至"表格工具-设计"选项卡，单击"表格样式"选项组中"底纹"下三角按钮，在列表中选择合适的颜色即可，如下左图所示。设置填充颜色后，可以根据需要设置透明度，右击表格，在快捷菜单中选择"设置形状格式"命令，在打开的导航窗格中的"填充"项区域设置透明度即可。设置完成后，在表格下层的元素即可显示出来，如下右图所示。

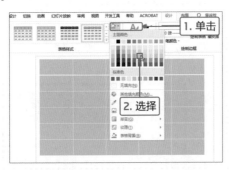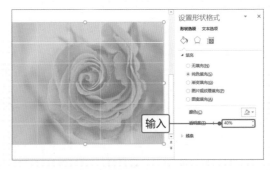

2. 填充纹理

PowerPoint还提供了20多种纹理用于对表格进行填充。选择表格，单击"底纹"下三角按钮，在列表中选择"纹理"选项，在子列表中选择合适的纹理效果，如"鱼类化石"，如下左图所示。同样打开"设置形状格式"导航窗格，在"填充"选项区域中设置透明度为50%，效果如下右图所示。

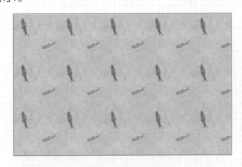

在"设置形状格式"导航窗格中，还可以设置其他参数以调整纹理。如调整"偏移量x"、"偏移量y"这两个参数，可以设置纹理在纵横方向上的位置；调整"刻度x"、"刻度y"这两个参数，可以调整纹理在纵横坐标上的密度。

3. 渐变填充

渐变填充就是设置从某种颜色到另一种颜色的渐变，在PowerPoint中是以单元格为单位设置渐变填充的。下左图为"线性向右"渐变的效果，下右图为"从中心"的渐变效果。

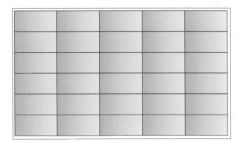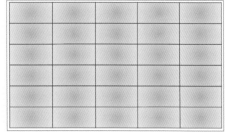

为表格应用渐变填充后，在"设置形状格式"导航窗格中，可以设置渐变光圈的颜色、位置和透明度参数。

4. 图片填充

图片填充也是以单元格为单位的填充，在"底纹"列表中选择"图片"选项，打开"插入图片"面板，单击"来自文件"链接，在打开的对话框中选择合适的图片，单击"打开"按钮，如下左图所示。选中的单元格中均填充选中的图片，如下右图所示。

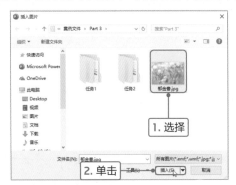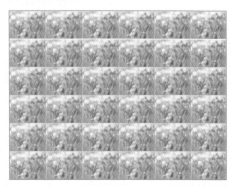

在"底纹"列表中选择"表格背景>图片"选项，然后选择合适的图片，单击"打开"按钮，即可为整个表格填充图片作为背景，如下左图所示。

以上介绍所有填充，均可以自定义选择单元格，或者进行效果叠加填充。首先在页面中插入花的图片，然后创建表格并充满整张图片，设置表格填充纯白色，并设置透明度为50%。再选择其他单元格，分别填充不同的颜色，并设置透明度为40%。最后插入文本框并输入相关文字，效果如下右图所示。

读书笔记

图表的妙用

在PowerPoint中使用图表，可以将数据以图形的方式直观地展示出来，让受众产生深刻的印象。图表和表格与文字相比，其优势在于将数据可视化，从而减少受众的视觉负担和思考负担。所以在PPT中需要比较数据时，最理想的形式就是图表。图表的应用非常广泛，其类型也很多，本部分主要介绍饼图、柱形图和折线图的应用。在"菜鸟加油站"中简单介绍了其他常用图表类型的应用，希望读者学完本部分内容后能熟练使用图表。本部分通过4个任务介绍常规图表以及复合图表的应用，在"菜鸟加油站"中还介绍特殊图表（旋风图）的制作过程，希望能给读者带来帮助。

图表的妙用

使用柱形图展示车间生产总量数据

为了更合理地掌握生产进度和管理生产，企业决定以车间为单位统计出2019年第一季度的生产总量，并对数据进行展示。厉厉哥是此项工作的负责人，他想将统计的数据更好、更清晰地展示出来。他把此项工作的要求介绍给小蔡并吩咐他一定要做好该项工作。小蔡对统计的数据认真分析，并计算出各车间的生产总量，于是打开PPT开始工作起来。

NG! 菜鸟效果

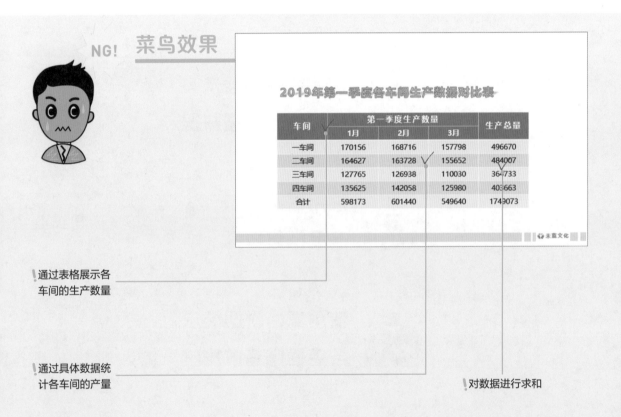

通过表格展示各车间的生产数量

通过具体数据统计各车间的产量

对数据进行求和

小蔡在幻灯片中通过表格的形式展示数据，各数据记录比较详细，但是不能让受众有深刻的印象；分别统计出各月份的生产数量，并计算出每月和每车间的生产总量，不能直观地展示数据之间的关系。

MISSION!
1

在PowerPoint中使用图表可以直观地将数据展示出来，并且能给受众留下深刻的影响，这是因为人们对图形的理解和记忆能力远远胜过其他展示数据的方式。在使用图表展示数据时，一定要理解图表的含义以及在什么情况下使用什么图表类型。创建图表后，用户可以对其添加必要的元素，以便更清晰地展示数据，如在图表中为数据系列添加数据标签。本案例将介绍柱形图的应用，以及填充数据系列以突出最大值。

10%

50%

逆袭效果　OK!

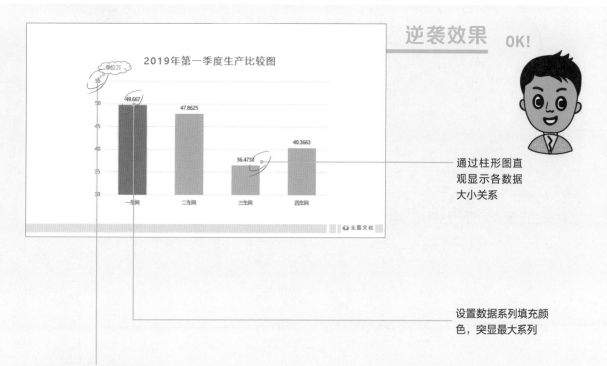

通过柱形图直观显示各数据大小关系

80%

设置数据系列填充颜色，突显最大系列

100%

设置纵坐标轴，清晰展示各数据系列的关系

小蔡对幻灯片进行进一步修改，用柱形图展示数据，使数据图形化，更生动、直观；设置纵坐标轴的最小值，增大数据系列的幅度，可以直观地比较各系列的大小；为最大数据系列填充亮色，突出该系列为最大，并为数据系列添加数据标签，使图形数字化。

_{Point} 1 插入柱形图

柱形图用于显示一段时间内的数据变化或说明各项数据之间的比较情况。在本案例中，需要使用柱形图展示4个车间第一季度的生产总量情况，下面介绍具体操作方法。

1

打开PowerPoint应用程序，新建空白幻灯片，然后切换至"插入"选项卡，单击"插图"选项组中"图表"按钮。

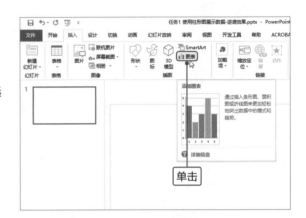

2

打开"插入图表"对话框，在"所有图表"列表框中选择"柱形图"选项，在右侧选择"簇状柱形图"图表类型，然后单击"确定"按钮。

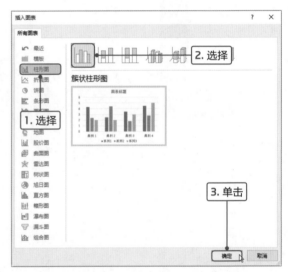

Tips 通过占位符插入图表

幻灯片中如果包含占位符，则直接单击"插入图表"按钮，即可打开"插入图表"对话框，然后选择合适的图表类型，单击"确定"按钮。

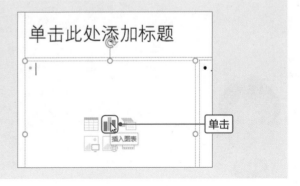

3

返回演示文稿中，可见插入了选中的柱形图，同时打开Excel工作表，里面包含默认的数据。且在功能区显示"图表工具"选项卡。

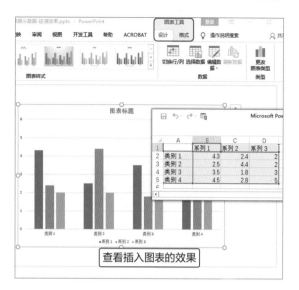

4

在Excel工作表中根据实际统计的数据输入4个车间的信息，插入的柱形图同时也发生相应的变化，显示输入的信息。

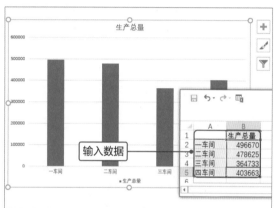

5

在图表的上方显示标题，选择标题框中的文本，按Delete键删除，然后再输入正确的文本。选择输入的文本，在"字体"选项组中设置文本的格式。

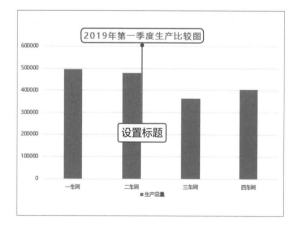

Tips　在PowerPoint中包含的图表类型

在PowerPoint中主要包含10多种图表类型，分别应用于不同类型的数据，如柱形图、折线图、饼图、条形图、面积图、XY散点图、地图、曲面图、雷达图、树状图、旭日图、直方图等。各图表类型可以组合在一起使用，被称为组合图，用户可以分别设置各个数据系列的类型。

Point 2 设置纵坐标轴的数值

柱形图插入完成后，可见图表中包含很多元素，用户可以根据需要对元素进行设置。在本案例中，纵坐标轴的数值比较大，所以需要设置纵坐标轴的单位和最小值，下面介绍具体的操作方法。

1

由柱形图可见，4个数据系列的变化幅度不是很大，特别是一车间和二车间的数据系列。下面通过设置纵坐标轴来调整数据系列的显示，首先选择纵坐标轴并右击，在快捷菜单中选择"设置坐标轴格式"命令。

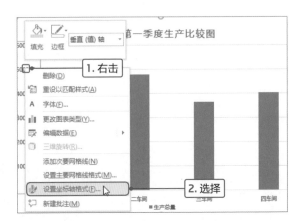

2

打开"设置坐标轴格式"导航窗格，在"坐标轴选项"选项区域中的"最小值"数值框中输入300000。然后再单击"显示单位"下三角按钮，在列表中选择10000选项。

3

操作完成后，可见数据系列的大小变化幅度增大，纵坐标轴以万为单位显示，并在左上角显示"×10000"标志。

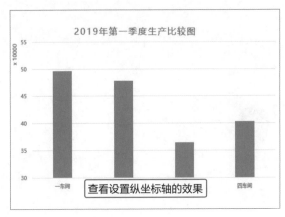

4

将纵坐标轴"×10000"删除,单击"插入"选项卡中"形状"下三角按钮,在列表中选择"思想气泡:云"形状。在纵坐标轴上方绘制形状,并通过拖曳黄色控制点调整形状。

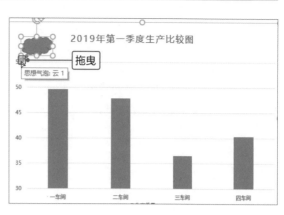

5

切换至"绘图工具-格式"选项卡,在"形状样式"选项组中设置形状填充为无填充、形状轮廓颜色为橙色。

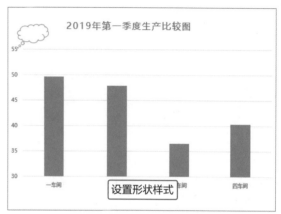

6

绘制形状的目的是输入相关文字介绍纵坐标轴的单位。则首先右击形状,在快捷菜单中选择"编辑文字"命令。

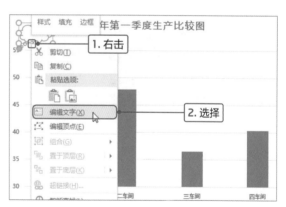

7

光标定位在形状内,然后输入"单位:万"文本,并设置文本格式,根据文本设置形状的外观,使文本在一行内显示完全。

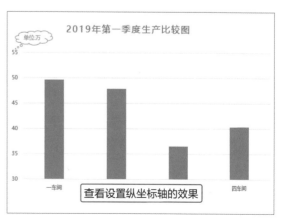

Point 3 突显最大数据系列

柱形图默认的数据系列颜色为蓝色，我们可以设置其填充颜色和边框，同时为了突出最大的数据系列，还可以单独为该系列填充不同颜色。下面介绍具体操作方法。

1

在图表上任意数据系列上单击，即可选择所有系列，切换至"图表工具-格式"选项卡，在"形状样式"选项组中设置形状轮廓为无轮廓，设置形状填充为灰色。

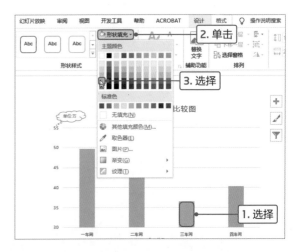

2

保持数据系列为选中状态，在"一车间"系列上单击，即可选中该数据系列，再次单击"形状填充"下三角按钮，在列表中选择橙色。可见一车间数据系列为橙色，其他系列均为灰色。

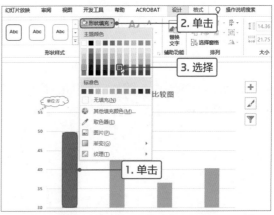

3

为了进一步突出一车间的数据系列，再添加发光的形状效果。保持该数据系列为选中状态，单击"形状效果"下三角按钮，在列表中选择"发光"选项，在子列表中选择合适的发光选项。

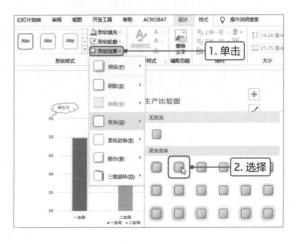

4

设置完成后查看效果，可见数据系列宽度不够，显得图表空白地方比较多。选择所有数据系列并右击，在快捷菜单中选择"设置数据系列格式"命令，在打开的导航窗格中设置系列的"间隙宽度"为100％。

5

操作完成后，关闭该导航窗格，可见数据系列的宽度增加，使图表更加厚重。

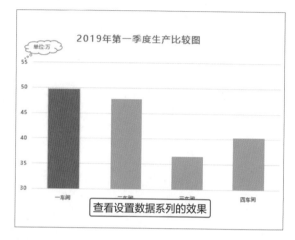

查看设置数据系列的效果

6

为了让观众更清楚地查看各车间的生产数量，可以添加数据标签。选中图表，切换至"图表工具-设计"选项卡，单击"图表布局"选项组中"添加图表元素"下三角按钮，在列表中选择"数据标签>数据标签外"选项。

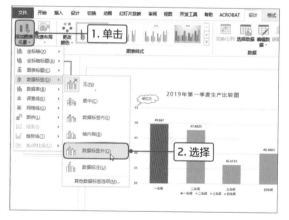

7

可见在数据系列上方显示相对应的数据。然后删除图例，并在下方添加形状、图片和企业名称。至此，图表制作完成。

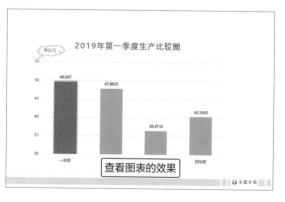

查看图表的效果

编辑图表中的数据

图表中的数据会根据源数据的变化而更新，用户可以根据需要对图表的数据进行编辑操作，如修改数据、删除数据以及添加数据。

1. 修改数据

图表创建完成后，如果需要对其中的数据进行编辑，如修改数据，需要在对应的Excel工作表中操作。选中图表，切换至"图表工具-设计"选项卡，单击"数据"选项组中"编辑数据"按钮，如下左图所示。即可打开对应的Excel工作表，然后对相关数据进行修改即可，如下右图所示。

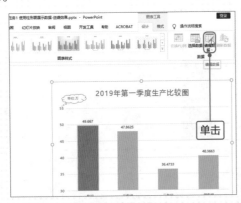
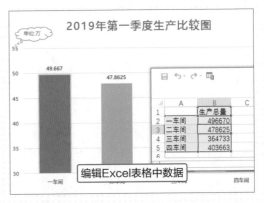

2. 添加数据

企业今年扩大规模，增加第五车间，在图表中需要添加第五车间的生产总量数据。选中图表，切换至"图表工具-设计"选项卡，单击"数据"选项组中"选择数据"按钮，如下左图所示。打开"选择数据源"对话框和Excel工作表，在Excel工作表中添加第五车间的相关数据，单击"选择数据源"对话框中"图表数据区域"折叠按钮，在工作表中选择A1:B6单元格区域，如下右图所示。

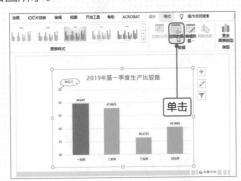
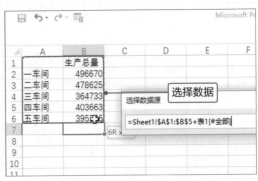

单击折叠按钮，返回"选择数据源"对话框，在"水平（分类）轴标签"选项区域中显示五车间，单击"确定"按钮，如下左图所示。返回演示文稿中，可见在柱形图表中添加五车间的数据系列，以灰色显示并自动添加数据标签，如下右图所示。

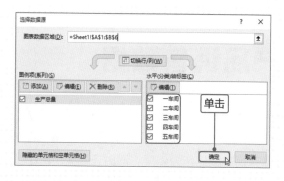

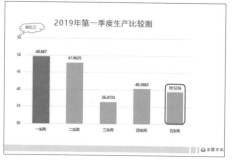

3. 删除数据

在图表中，不需要某个数据时，可以通过"选择数据源"对话框将其删除。选中图表，打开"选择数据源"对话框，在"水平（分类）轴标签"列表中取消勾选"三车间"和"五车间"复选框，然后单击"确定"按钮，如下左图所示。返回演示文稿中，可见三车间和五车间的数据系列被删除了，如下右图所示。

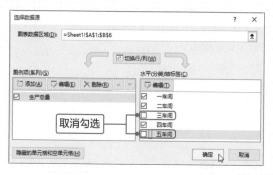

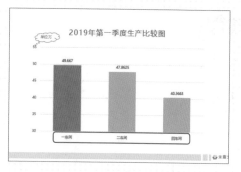

4. 对空值的设置

在制作表格时，我们经常会遇到某数据系列为空值的情况。如三车间的数据由于某种原因没有统计出来，所以三车间为空值，插入折线图的效果如下左图所示。然后打开"选择数据源"对话框，单击"隐藏的单元格和空单元格"按钮，打开"隐藏和空单元格设置"对话框，在"空单元格显示为"选项区域中选中"用直线连接数据点"单选按钮，最后单击"确定"按钮，如下右图所示。

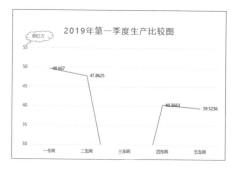

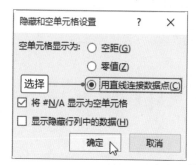

操作完成后返回"选择数据源"对话框，单击"确定"按钮返回演示文稿中，可见用直线直接将二车间的数据点和四车间的数据点连接起来。如果选择"空距"单选按钮，则二车间和四车间的数据点之间为空白。

图表的妙用

使用饼图展示产品销售数据

对于企业而言，产品的销售数据很重要，能够更多地开发盈利产品，对企业的成长和发展都有所帮助。策划部门统计出2019年各产品的销售额，现需要将各产品的销售占比展示出来，为来年的销售计划做准备。要求突出各产品比例，并且要有精准数据作为依据，同时还要突出最小数值，这项复杂而艰巨的任务还是由小蔡来担任，各部门协助他完成该工作。

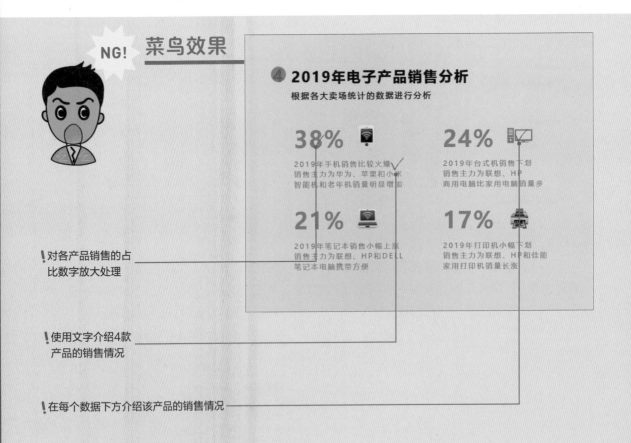

NG! 菜鸟效果

2019年电子产品销售分析
根据各大卖场统计的数据进行分析

38%
2019年手机销售比较火爆
销售主力为华为、苹果和小米
智能机和老年机销量明显增加

24%
2019年台式机销售下划
销售主力为联想、HP
商用电脑比家用电脑销量多

21%
2019年笔记本销售小幅上涨
销售主力为联想、HP和DELL
笔记本电脑携带方便

17%
2019年打印机小幅下划
销售主力为联想、HP和佳能
家用打印机销量长涨

! 对各产品销售的占
比数字放大处理

! 使用文字介绍4款
产品的销售情况

! 在每个数据下方介绍该产品的销售情况

小蔡在制作PPT时，以文本的方式介绍各产品的销售情况，介绍得很详细。但是文字太多，让受众的阅读压力比较大；将各产品的销售占比数字放大，其他解释性文本缩小，并灰度处理，这样受众会注意到数字。通过放大文本的形式可以引起受注意，但是印象不够深刻。

MISSION!
2

无论是使用PowerPoint还是Excel展示数据的占比时，饼图是最好的选择，因为它可以直观地展示各数据的比例关系。任何一个图表都会对数据有一定的条件，制作饼图的数据区域只能包含一列数据，而且数值没有负值或者接近零的值。如在本案例中，企业对卖场中各项产品的年销售额进行统计，并展示各产品销售额占企业总额的比例，那么要饼图展示是最合适的了，为了展示效果还需要进一步设置。

10%

50%

逆袭效果 OK!

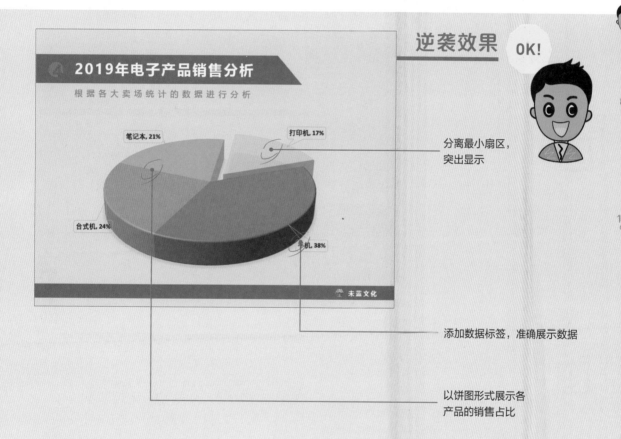

2019年电子产品销售分析
根据各大卖场统计的数据进行分析

笔记本, 21%　　打印机, 17%

台式机, 24%

手机 38%

未蓝文化

80%

100%

分离最小扇区，突出显示

添加数据标签，准确展示数据

以饼图形式展示各产品的销售占比

小蔡对制作的幻灯片进一步修改，以饼图的形式直观地将各产品的销售关系展示出来，将数据图形化，会给受众留下深刻的印象；而且将各扇区的所占比例，以标签形式显示出来，可以将数据清楚地传递；最后将最小的扇区分离，以突出该项目。

Point 1 设置页面格式并添加文本

在创建图表之前，先设置幻灯片的大小和页面背景颜色，然后输入文本，并添加
形状进行修饰。本案例以灰色为背景色，然后添加标题文本和企业Logo等元素，
下面介绍具体操作方法。

1

首先设置幻灯片的大小和页面背景，打开演示
文稿并创建空白的幻灯片。切换至"设计"
选项卡，单击"自定义"选项组中"幻灯片
大小"下三角按钮，在列表中选择"标准
（4:3）"选项。

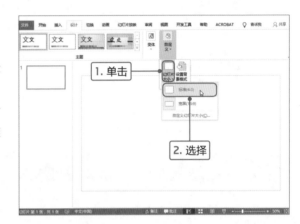

2

在"自定义"选项组中单击"设置背景格式"
按钮，在打开的"设置背景格式"导航窗格中
选中"纯色填充"单选按钮，设置颜色为浅
灰色。

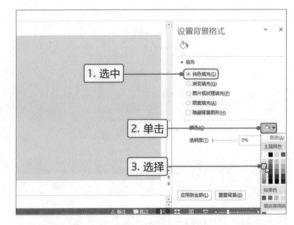

3

在"插入"选项卡下单击"形状"下三角按
钮，在列表中选择矩形，在左上角绘制长的矩
形，并填充浅黑色。然后再绘制等腰直角三角
形，设置高度和矩形高度一致，填充颜色也一
样。将两个形状组合。

4

然后在页面下方绘制细长的矩形，设置填充颜色和上方矩形一样。然后添加企业的Logo图片并输入企业名称，将其放置在细长矩形的右侧。选中细长矩形、图片和文本，设置对齐方式为水平居中。

5

在"插入"选项卡中单击"文本框"按钮，在页面中输入标题文本并设置文本的格式（根据第一部分所学内容设计）。再设置文本和形状的对齐方式。

6

单击"形状"下三角按钮，在列表中选择"椭圆"形状，按住Shift键绘制小的正圆，设置填充颜色为橙色，然后再创建文本框并输入数字4。

Tips　灰色的应用

灰色是一种百搭的颜色，在不同的场合下气质会发生变化，它既可以给人一种正确的、严谨的、商务的气氛，也会让人产生消极的、平凡的联想。在使用灰色时切记不要大篇幅使用，否则会使人感觉乏味。

Point 2 插入饼图并应用图表样式

饼图用于只有一个数据系列的数据，反映各项数值与总和的比例情况，在饼图中各数据点的大小表示占整个饼图的百分比。创建饼图后，可以直接应用图表样式快速美化，下面介绍具体操作方法。

1

插入饼图和插入柱形图的方法一样，切换至"插入"选项卡，单击"插图"选项组中"图表"按钮。

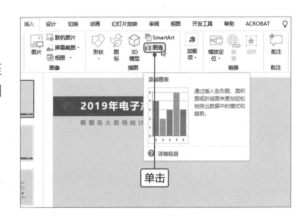

2

打开"插入图表"对话框，在"所有图表"列表框中选择"饼图"选项，在右侧选择"三维饼图"选项，单击"确定"按钮。

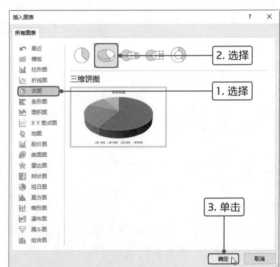

3

返回演示文稿中，查看插入的三维饼图。在Excel工作表中输入相关的数据，则饼图发生相应的变化。最后关闭Ecxel工作表。

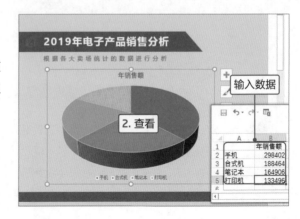

4

接着对图表进行快速美化，选择创建的饼图，切换至"图表工具-设计"选项卡，单击"图表样式"选项组中"其他"按钮，在列表中选择合适的样式，如选择"样式8"。可见图片应用了样式8的效果，在各扇区外显示该项目名称。

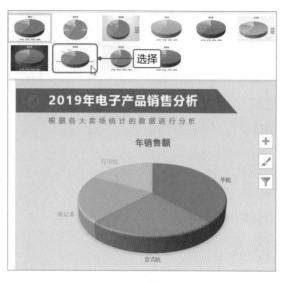

5

如果感觉图表的各个扇区的颜色太复杂，想更改为同色系、不同亮度的颜色，则单击"图表样式"选项组中"更改颜色"下三角按钮，在列表中选择"单色调色板2"选项。可见图表以橙色为主，颜色越深表示所占比重越大。

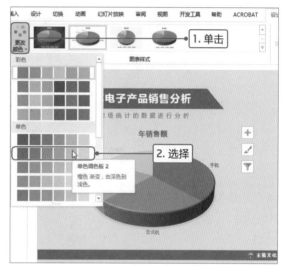

6

因为本案例已经设计好了标题，所以将图表的标题删除。调整图表4个角控制点，适当调整图表的大小。然后切换至"图表工具-格式"选项卡，单击"排列"选项组中"对齐"下三角按钮，在列表中选择"水平居中"选项。

Point 3 设置数据标签的显示内容

饼图创建完成后，各扇区可以直观地展示数据的大小，但无法展示各扇区所占的比例，所以需要添加数据标签内容，同时对数据标签的形状进行更改。下面介绍具体操作方法。

1

选择图表中的数据标签，切换至"开始"选项卡，在"字体"选项组中设置数据标签的字体、字号和颜色。

2

保持数据标签为选中状态并右击，在快捷菜单中选择"设置数据标签格式"命令。

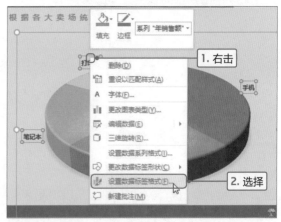

3

打开"设置数据标签格式"导航窗格，在"标签选项"选项区域中勾选"百分比"复选框，设置分隔符为逗号。可见数据标签除了显示类别名称外，还显示该项目数据所占总数的百分比。

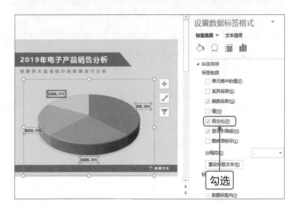

4

为了更清晰地表示数据标签和扇区的关系，可以更改数据标签的形状。即保持数据标签为选中状态，切换至"图表工具-格式"选项卡，单击"插入形状"选项组中"更改形状"下三角按钮，在列表中选择"对话气泡:圆角矩形"形状选项。

5

返回演示文稿中，可见数据标签的形状被更改为选中的形状。在"形状样式"下拉列表中设置无形状填充和边框的颜色。

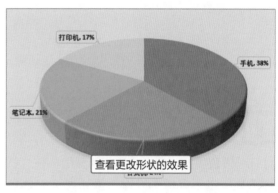

6

可见有些数据标签与扇区比较近，如"手机"的数据标签，将光标在该数据标签上单击两次，即可选中该标签，将光标移到标签的边缘，变为四个方向的箭头时，按住鼠标拖曳到合适位置即可。

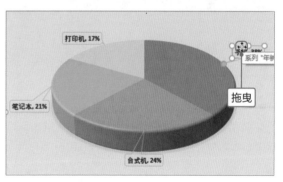

Tips　在数据标签中显示数值

如果用户需要在数据标签内显示该项目的数值，则在"设置数据标签格式"导航窗格中勾选"值"复选框即可。

171

Point 4 分离比例最小的扇区

饼图中各扇区默认情况下是紧密连接在一起的，为了突出某一扇区，我们可以将其分离出来，也可以单独对该扇区填充不同的底纹。下面介绍具体操作方法。

1

选择饼图中所有扇区，切换至"图表工具-格式"选项卡，单击"当前所选内容"选项组中"设置所选内容格式"按钮。

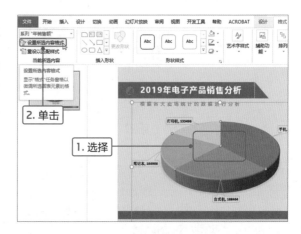

2

打开"设置数据系列格式"导航窗格，在"系列选项"选项区域中设置"第一扇区起始角度"的数值为70°。

3

返回幻灯片中，可见饼图的扇区顺时针旋转70°，将"打印机"扇区移到右上角。

 Tips **分离饼图中所有扇区**

本案例将介绍分离饼图中最小扇区的方法，如果需要将所有扇区均分离，可以在"设置数据系列格式"导航窗格的"系列选项"中设置"饼图分离"的值即可。

用户也可以选中饼图中所有扇区，按住鼠标左键向外拖曳，通过虚线预览分离的效果，释放鼠标左键即可完成所有扇区的分离操作。

4

保持各扇区为选中状态，再单击"打印机"扇区，即可只选中该扇区。在"设置数据点格式"导航窗格中设置"点分离"为20%。

5

返回演示文稿中，可见"打印机"扇区向外分离出来。其他扇区保持不变。

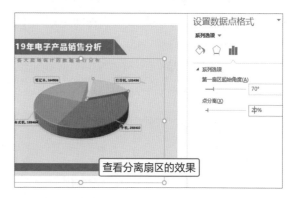

查看分离扇区的效果

6

保持"打印机"扇区为选中状态，在"设置数据点格式"导航窗格的"填充与线条"选项卡下，设置"填充"为"纯色填充"、填充颜色为灰色、透明度为40%。

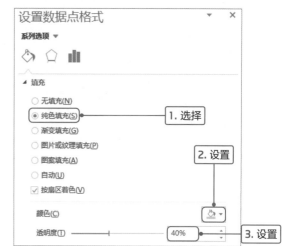

7

适当调整该扇区的数据标签，即可完成饼图的设计。

Tips　手动分离扇区

用户也可以通过手动拖曳的方法分离扇区，即两次单击"华中区"扇区，然后按住鼠标左键不放各外拖曳至合适的位置，释放鼠标即可。

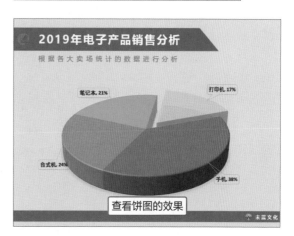

查看饼图的效果

173

饼图的美化操作

本任务创建的饼图没有太多的美化操作，我们可以根据需要对图表的绘图区、图表区进行填充，也可以设置图表的边框、为图表应用形状效果等。

1. 设置图表区填充

图表区是图表的全部范围，将光标移到图表空白处，在光标右下角显示"图表区"文本，单击即可选中图表区。在图表区双击即可打开"设置图表区格式"导航窗格，在"填充"选项区域中可以为图表区填充纯色、渐变、图片、纹理或图案等，如下左图所示。选择相对应的单行按钮，在下方设置参数即可。在"边框"选项区域中可以设置图表边框的线条，如下中图所示。

在饼图中设置填充为纯浅绿色、边框为橙色，效果如下右图所示。

2. 设置绘图区填充

绘图区是指图表区内的图形表示区域，包括数据系列、刻度线以及纵横坐标轴等。选中绘图区并双击，即可打开"设置绘图区格式"导航窗格，在"填充"和"边框"选项区域中进行美化操作。如在"填充"选项区域中选中"图片或纹理填充"单选按钮，然后单击"文件"按钮，如下左图所示。在打开的对话框中选择合适的图片，单击"打开"按钮，即可为绘图区填充该图片，如下右图所示。

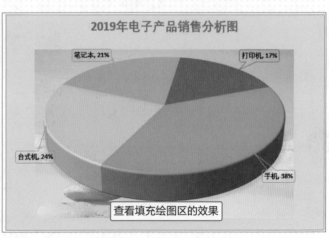

绘图区显示在图表区内，填充图片后，绘图区的边缘与图表区过渡比较生硬、不自然，所以还需要对绘图区设置柔化边缘的效果。在"设置绘图区格式"导航窗格中切换至"效果"选项卡，在"柔化边缘"选项区域中设置大小为13磅，如下左图所示。可见绘图区填充的图片周边有虚化的效果，这样过渡就比较自然，如下右图所示。

3. 为图表应用效果

在"图表工具-格式"选项卡的"形状样式"选项组中单击"形状效果"下三角按钮，在列表中可以为图表应用阴影、发光、柔化边缘、棱台和三维旋转等效果。

下面以应用阴影效果为例介绍具体操作，选中图表，单击"形状效果"下三角按钮，在列表中选择"阴影>偏移:右下"选项，如下左图所示。返回幻灯片中，可见图表的阴影效果不是很明显，再次单击"形状效果"下三角按钮，在列表中选择"阴影>阴影选项"选项，打开"设置图表区格式"导航窗格。在"效果"选项卡的"阴影"选项区域中设置透明度为40%、距离为15磅，其他参数不变，如下右图所示。

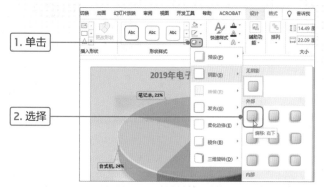
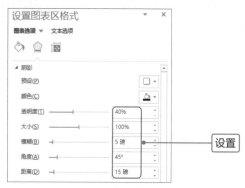

操作完成后，可见图表的阴影效果更加明显。用户可以根据需要为图表应用不同的效果并设置相关参数，进一步了解各效果的优缺点，以便以后工作中合理地应用。

图表的妙用

使用复合饼图展示各店面销售数据

不知不觉收获的一年又过去，企业对各个实体店面和网店的年销售额进行统计，需要统计出各数据的占比情况。在展示数据占比时，应当首选饼图图表，因为通过饼图扇区的大小可以直观、形象地展示占比大小。厉厉哥吩咐小蔡制作图表将数据清晰地展示出来，小蔡了解厉厉哥的要求后，就开始制作图表。为了图表的展示效果更加完美，他还添加图片作为背景。

NG! 菜鸟效果

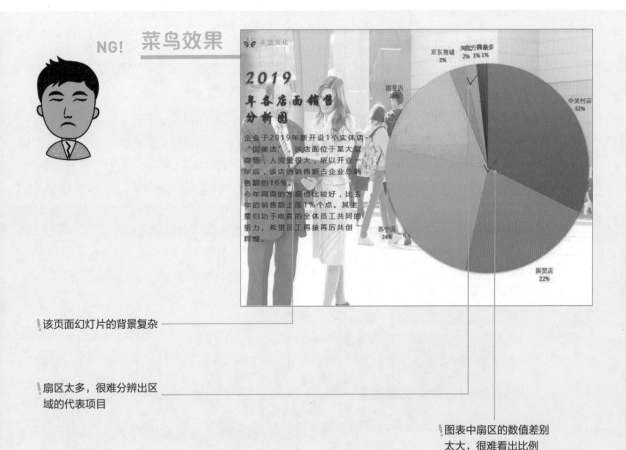

该页面幻灯片的背景复杂

扇区太多，很难分辨出区域的代表项目

图表中扇区的数值差别太大，很难看出比例

小蔡使用饼图展示企业4个实体店和4个网店的销售额占比，但占比小的扇区显示效果不明显；为饼图添加数据标签，无法查看较小扇区数值；还有，为幻灯片添加人物较多的复杂背景图片，使得受众无法快速抓住重点。

MISSION!

3

在工作或生活中我们经常会遇到需要展示复杂数据的情况，当普通图表展示这些数据的效果不能令人满意时，我们应当考虑使用组合图表。本案例统计出企业所有实体店和网上商店的年销售额，现在需要对各店面的销售占比进行分析。此时如果使用饼图展示数据，那么年销售额较小的网店就很难辨认了，要是使用复合饼图将网店单独展示在子饼图中，其效果就很明显。

逆袭效果　OK!

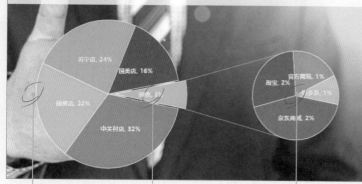

将占比小的项目单独
显示在子饼图中

使用子母饼图展示数据，各扇区数据清晰

为幻灯片添加背景
简单的商务图片

小蔡针对问题作了修改，首先他将饼图更改为子母图，将占比小的网店项目单独显示在子饼图中，这样各扇区的比例就非常清楚；使用子母图展示多项数据时，母图的扇区也不会很拥挤；为幻灯片添加简单的背景，可以进一步突出图表数据。

Point **1** 插入复合饼图

使用饼图展示数据时，如果项目数据比较多而且数值大小差别较大时，我们可以考虑使用复合饼图。本案例将应用复合饼图对企业各大卖场和网商数据进行分析展示，下面介绍具体的操作方法。

1

打开演示文稿并创建空白幻灯片，设置幻灯片的大小为标准4:3。然后单击"插图"选项组中"图表"按钮。

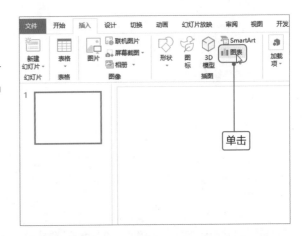

2

打开"插入图表"对话框，在"所有图表"选项列表框中选择"饼图"选项，然后在右侧选择"子母饼图"选项，最后单击"确定"按钮。

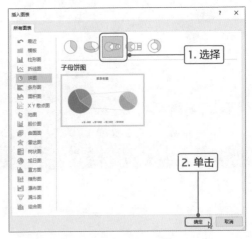

3

返回演示文稿中，查看创建的子母饼图，其子饼图包含3个数据系列。但我们需要将所有网商的数据都在子饼图中显示，总共有4个网商信息。

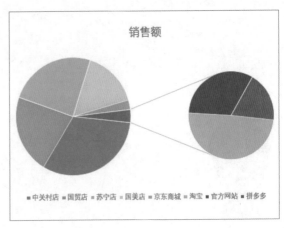

4

接下来需要设置子饼图的数据系列数量。右击任意数据系列，在快捷菜单中选择"设置数据系列格式"命令。

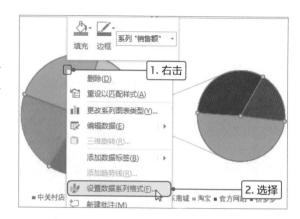

5

打开"设置数据系列格式"导航窗格，在"系列选项"选项区域中设置"第二绘图区中的值"为4，设置"第二绘图区大小"为60%。

6

可见在子饼图中包含4个数据系列，分别为表格最后4项数据。网商的4项数据在子饼图中显示，两条线对应的母饼图中为4个网商所占的比例。

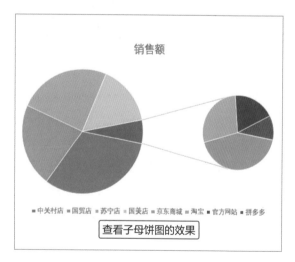

Tips **设置子母饼图之前的距离**

在"设置数据系列格式"导航窗格的"系列选项"选项区域中，设置"间隙宽度"的值，即可设置子母饼图之间的距离。默认值为100%，当值小于100%时，缩小两图之间的距离；当值大于100%时，增大两图之间的距离。

Point **2** 编辑复合饼图

复合饼图创建完成后，还需要根据具体要求设置图表的整体效果，如更改饼图为鲜艳的颜色、添加数据标签、将子饼图对应的扇区分离出来等。下面介绍具体的操作方法。

1

选择创建的复合饼图，切换至"图表工具-设计"选项卡，单击"图表样式"选项组中"更改颜色"下三角按钮，在列表中选择"彩色调色板3"选项。可见图表的各个扇区应用了更鲜艳的颜色。

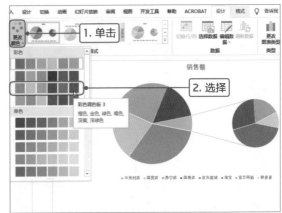

2

接着单击"图表布局"选项组中"快速布局"下三角按钮，在列表中选择"布局1"选项，快速设置图表的布局。

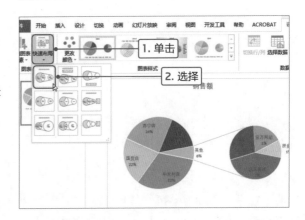

3

选择图表中的数据标签并右击，在快捷菜单中选择"设置数据标签格式"命令，打开相应的导航窗格。在"标签选项"选项区域中设置"分隔符"为逗号，在"标签位置"选项区域中选中"居中"单选按钮。

4

操作完成后关闭该导航窗格，可见数据标签中
项目名称和百分比之间用逗号隔开，并且显示
在各扇区的中间位置。

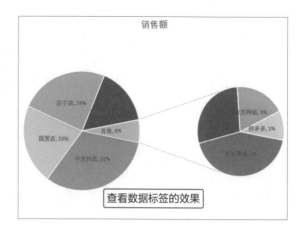

查看数据标签的效果

5

再次选择数据标签，在"字体"选项组中设置
字体格式、颜色，并且加粗显示。

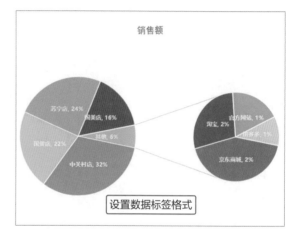

设置数据标签格式

6

在"其他"扇区上单击两次，即可选中该扇
区，然后右击，选择"设置数据点格式"命
令。打开"设置数据点格式"导航窗格，设置
"点分离"为10%。

7

关闭导航窗格，可见"其他"扇区与母饼图分
离，这样能更清晰地显示网商的所占比例。将
图表标题删除，只保留子母两个饼图。

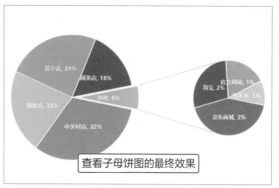

查看子母饼图的最终效果

Point **3** 添加背景图片和相关文字

复合饼图制作完成后，可见该幻灯片的整体页面很空，还需要添加其他修饰图片，最后再设置幻灯片的标题文本和正文。下面介绍具体操作方法。

1

本案例需要插入简单的商务图片作为幻灯片的背景。切换至"插入"选项卡，单击"图像"选项组中"图片"按钮。

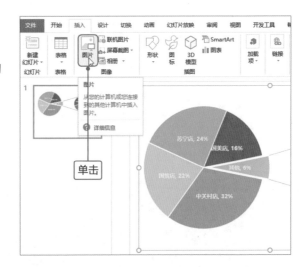

2

在打开的"插入图片"对话框中，选择合适的图片，单击"插入"按钮。

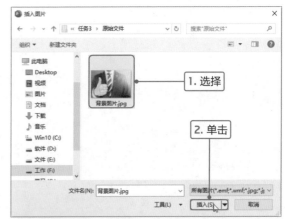

3

调整插入图片的角控制点，使其充满整个页面。切换至"图片工具-格式"选项卡，单击"大小"选项组中"裁剪"按钮，将图片页面外的部分裁剪掉。

裁剪插入的图片

4

可见图片覆盖在图表的上方，单击"排列"选项组中"下移一层"按钮，即可将图表移到图片上方。适当调整图表的大小，放在幻灯片的下方，设置对齐方式为水平居中。

查看调整图片和图表的效果

10%

5

在图表上方插入文本框，分别输入标题文本和正文文本。然后设置文本的格式，颜色以橙色为主，正文文本颜色要浅点，才能突出标题文本。最后设置两个文本框为左对齐。

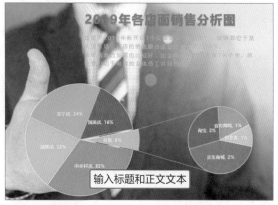

输入标题和正文文本

50%

80%

6

文本的左侧页面比较空，添加一个数字2，放大文本，设置文本颜色和标题文本一样。然后在左上角插入企业的Logo图片，在图片右侧输入企业名称。

添加Logo和企业名称

100%

7

最后在页面上方绘制矩形，使其容纳除图表和背景图片外所有元素，并放在背景图片上方。设置矩形填充颜色为白色、透明度为20%，至此，本案例制作完成。

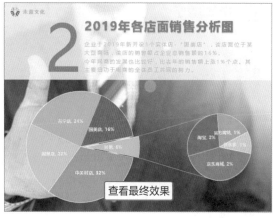

查看最终效果

设置子母饼图中的系列线

本案例创建的子母饼图中除了包含两个饼图外，还包含系列线。默认情况下子母饼图是显示两条系列线的，用户可以通过"添加图表元素"功能取消显示系列线，即在列表中选择"线条>无"选项即可，如下图所示。

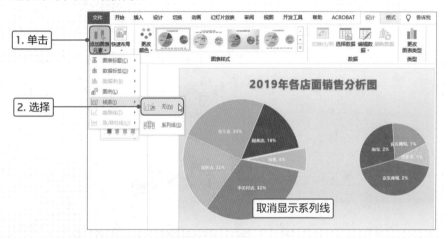

此外，我们还可以对系列线的显示效果进行编辑操作，如改变系列线的颜色、宽度、添加箭头或者添加效果等。

在设置图表中的元素时，都需要在相关的导航窗格中设置。选择子母饼图中系列线并右击，在快捷菜单中选择"设置系列线格式"命令，如下左图所示。打开"设置系列线格式"导航窗格，在"填充与线条"选项卡的"线条"选项区域中选中"实线"单选按钮，然后设置颜色为橙色，在"宽度"文本框中输入2磅，如下右图所示。

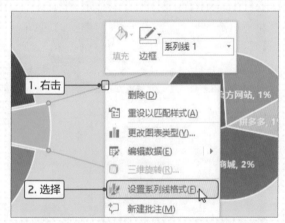
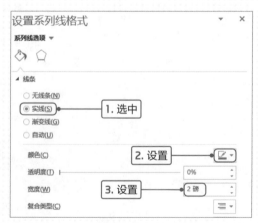

设置完成后，子母图中的系列线颜色变为橙色，并适当加粗，如下左图所示。

用户也可以设置系列线为渐变线，即在"设置系列线格式"导航窗格的"线条"选项区域中选中"渐变线"单选按钮，在下方设置渐变类型、方向和角度，然后再设置渐变光圈的颜色、位置、透明度和亮度等，如下右图所示。

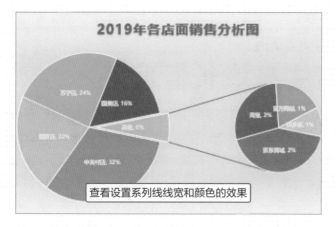

设置完成后，可见系列线应用设置的渐变颜色，效果如下左图所示。

在"设置系列线格式"导航窗格中，还可以设置系列线的复合类型、短划线类型、连接类型、开始和结尾箭头等。如将系列线设置为虚线，并添加开始和结尾箭头，效果如下右图所示。

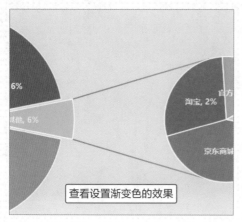

查看设置渐变色的效果

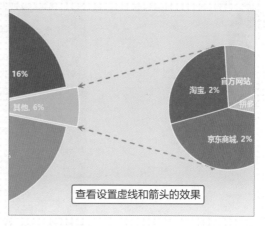

查看设置虚线和箭头的效果

用户也可以为系列线添加效果，如阴影、发光和柔化边缘。本案例为系列线添加阴影和发光的效果，具体的参数设置如下左图所示。设置完成后，可见系列线应用设置的效果，如下右图所示。

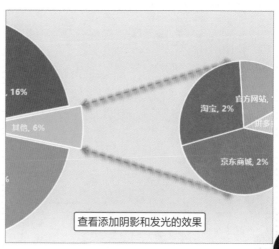

查看添加阴影和发光的效果

图表的妙用

使用柱形图展示
各车间年度生产增长情况

每年的年度总结大会是必不可少的，厉厉哥不但需要对自己的工作情况进行总结，还需要对企业整体生产、销售、利润进行总结。为了更好地分析过去两年各车间的产量，需要将2018年和2019年统计的数据进行比较分析。他吩咐小蔡以图表的形式展示两年产量的数据，可以清楚地比较2019年产量是否比2018年有所增加。比较两组数据时，要使用柱形图，小蔡意会厉厉哥的意图后，开始积极投入工作中。

NG! 菜鸟效果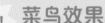

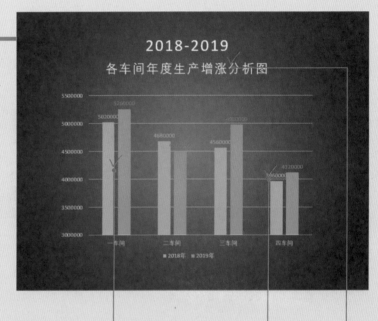

❗两个数据系列并排显示

❗为数据系列添加数据标签展示数值

❗通过柱形图展示两组数据

小蔡在制作各车间年度生产增长情况幻灯片时，没有真正理解需要展示的内容。首先，使用柱形图展示数据，这是没有错误的，但是展示效果不足，需要通过设置纵坐标轴最小值，使两组数据系列变化更明显；在数据系列上方添加数据标签，数据的展示比较零乱。

MISSION!
4

在工作和生活中，我们经常会遇到需要比较两组数据大小以及增长率的情况，如两次成绩的比较、两次销售数据的比较等。通过比较可以分析该项活动是比之前进步了还是退步了，然后通过分析改进不足之处。本案例统计出2018年和2019年4个车间的年生产量，由于数值非常大，如果直接比较数值是很困难的。所以需要通过图表的形式展示数据，并通过设置图表显示效果，来清晰准确地表达出演讲者的意图。

10%

50%

80%

逆袭效果 OK!

2018-2019
各车间年度生产增涨分析图

?

104.78%   96.15%   109.21%   104.04%

	一车间	二车间	三车间	四车间
2018年	5020000	4680000	4560000	3960000
2019年	5260000	4500000	4980000	4120000
增长率	104.78%	96.15%	109.21%	104.04%

通过数据表详细展示数据，折线图展示增长率

通过组合图展示两组数据

重合两个数据系列，方便比较数据大小

100%

小蔡通过认真思考，在原图表的基础上进行进一步设置。应用组合图表除了展示两组数据外，还展示了增长率的数据，观众就更清晰准确理解数据的意义；将两组数据系列重合在一起，更有利于比较数据的大小；为图表添加数据表，可以更加详细、直观地展示各项数据。

Point **1** 插入柱形图

在创建图表之前，需要设置页面的大小和背景颜色。本案例将使用标准4:3幻灯片，页面背景设置从中心的渐变填充，以突出中心位置的内容。下面介绍具体的操作方法。

1

打开演示文稿并创建空白幻灯片，然后设置幻灯片的大小为标准4:3。

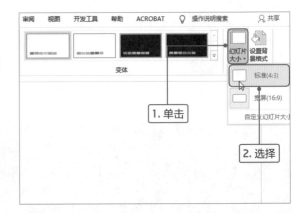

2

幻灯片大小设置完成后，再次单击"设置背景格式"按钮，打开"设置背景格式"导航窗格。在"填充"选项区域中选中"渐变填充"单选按钮。设置类型为"射线"、方向为"从中心"，然后从左向右设置渐变光圈，颜色逐渐加深。

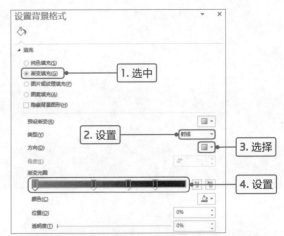

3

设置完成后关闭该导航窗格，返回演示文稿中，可见幻灯片从中心向四周渐变、由明到暗的效果。这种渐变设置可以将观众的目光持续保留在页面的中心位置。

4

接着创建簇状柱形图，单击"插入"选项卡中"图表"按钮，打开"插入图表"对话框，在左侧列表框中选择"柱形图"选项，在右侧选择簇状柱形图，单击"确定"按钮。

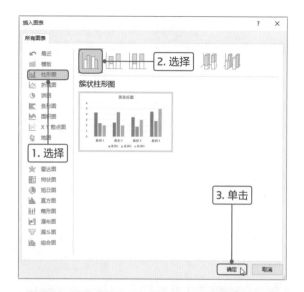

5

在打开的Excel中输入企业2018年和2019年4个车间的总生产数量，图表也相应地发生变化，输入完成后关闭Excel工作表。

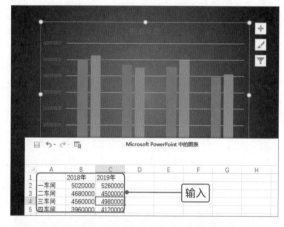

6

选中图表中的标题元素，按Delete键即可删除。选择图表，在"开始"选项卡的"字体"选项组中设置字体颜色为浅灰色。

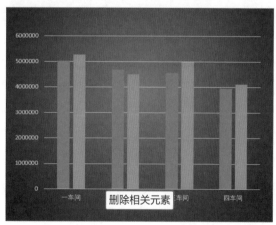

Tips **"使用柱形图展示各车间年度增长情况"幻灯片设计思路**

在制作本案例时，不需要使用太多的修饰元素，因为主要靠图表吸引受众眼球。设置黑色渐变的背景，目的就是让受众目光停留在页面的中心图表上。

Point 2 重合两个数据系列

本案例是比较企业2019年和2018年4个车间生产数量是增涨还是降低，所以将两个数据系列重合在一起更方便比较其大小。下面介绍具体的操作方法。

1

选择任意数据系列并右击，在快捷菜单中选择"设置数据系列格式"命令。设置重合两个数据系列时，位于右侧的数据系列覆盖住左侧数据系列，与选择哪个数据系列无关。

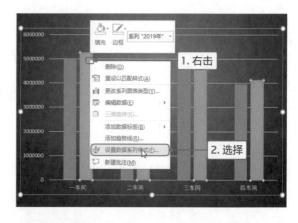

2

打开"设置数据系列格式"导航窗格，在"系列选项"选项区域中设置"系列重叠"的数值为100%。

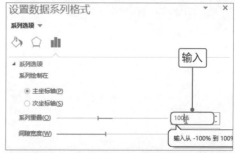

3

返回演示文稿中，可见2019年的数据系列覆盖在2018年数据系列上方。

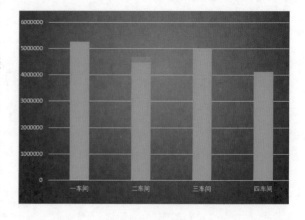

 Tips 连接两个数据系列

在本案例中，将"系列重叠"设置为100%时，两个数据系列完全重合在一起。如果将该参数设置为0%时，则两个数据系列无缝隙地并排连接在一起。

Point **3** 设置数据系列格式

两个数据系列重合后，2018年数据系列只有二车间没有完全覆盖，其他都被覆盖在下方，因此需要对数据系列格式进行设置，使两个数据系列完全显示出来。下面介绍具体的操作方法。

1

选择2018年数据系列，切换至"图表工具-格式"选项卡，在"形状样式"选项组中设置无填充、边框颜色为浅灰色、粗细为2.25磅。

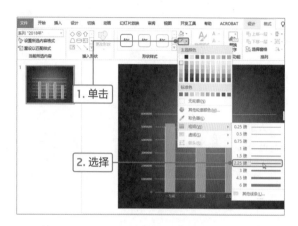

2

切换至"插入"选项卡，单击"插图"选项组中"形状"下三角按钮，在列表中选择"等腰三角形"形状。

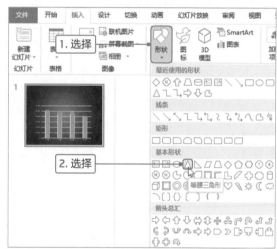

3

在页面中绘制细长的等腰三角形，切换至"绘图工具-格式"选项卡，在"形状样式"选项组中设置无轮廓。单击"形状填充"下三角按钮，在列表中选择"渐变>线性向左"选项。

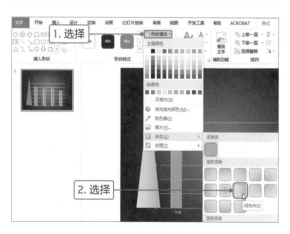

4

右击等腰三角形形状，在快捷菜单中选择"设置形状格式"命令，在打开的导航窗格中设置渐变光圈的颜色和位置。从左向右依次为深蓝色、浅蓝色、深蓝色。用户根据需要进行调整，使平面的三角形产生立体的感觉。

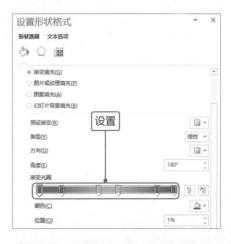

5

设置完成后关闭导航窗格，可见等腰三角形中间为浅蓝色、两边为深蓝色，有种立体锥形的感觉。

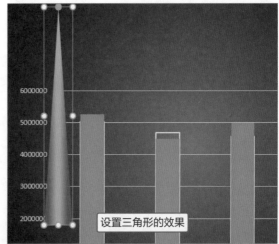

设置三角形的效果

6

选择创建的等腰三角形形状，按Ctrl+C组合键进行复制，然后选择2019年数据系列，按Ctrl+V组合键进行粘贴，可见2019年数据系列变为等腰三角形。最后再将绘制的三角形形状删除。

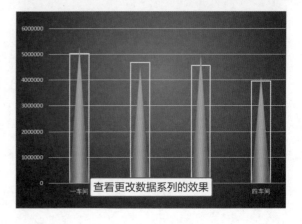

查看更改数据系列的效果

Tips　为数据系列填充图片

数据系列是图表的一大元素，用户可以根据需要对其美化，如填充纯色、图片、纹理和图案等。当填充图片时，用户还需要设置图片摆放的方式，选择数据系列，打开"设置数据系列格式"导航窗格，切换至"填充与线条"选项卡，在"填充"选项区域中选中"图片或纹理填充"单选按钮，单击"文件"按钮，依次选择图片，即可插入到数据系列中。PowerPoint 2019中包含伸展、层叠、层叠并缩放3种图片填充方式。

Point 4 添加并编辑数据系列

图表制作至此，用户已经可以很明了地比较两年产量的情况，为了数据展示更加直观，还需要添加相关数据进行说明。在本案例中添加"增涨率"数据，并设置该数据的系列类型为折线图，下面介绍具体的操作方法。

1

选择图片，切换至"图表工具-设计"选项卡，在"数据"选项组中单击"编辑数据"按钮。因为需要在Excel工作表中添加数据，才能在图表中显示相应的数据系列。

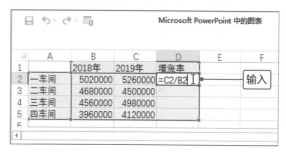

2

打开Excel工作表，在D1单元格中输入"增涨率"，在D2单元格中输入"=C2/B2"公式，计算一车间的增涨率。

3

按Enter键即可计算出4个车间的增涨率，其数值是以小数形式显示。选择D2:D5单元格区域，按Ctrl+1组合键，打开"设置单元格格式"对话框，在"数字"选项卡的"分类"列表中选择"百分比"，在右侧面板中设置小数位数为2，单击"确定"按钮。

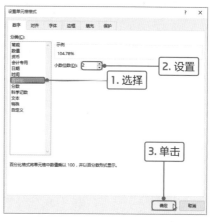

4

可见Excel工作表中选中的区域数据以百分比形式显示。

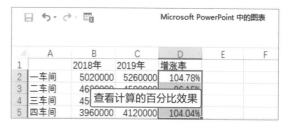

5

因为"增涨率"数值与各车间产量数值的差距太大，所以在图表中显示不出来。选择任意数据系列，打开"设置数据系列格式"导航窗格，单击"系列选项"下三角按钮，在列表中选择增长率对应的选项。

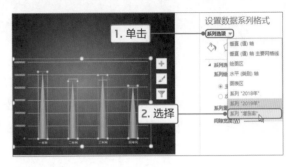

6

即可在图表中选中增长率数据系列，在"设置数据系列格式"导航窗格中选中"次坐标轴"单选按钮。

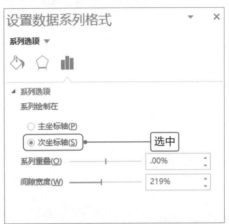

7

返回演示文稿中，可见在图表的右侧显示次要坐标轴，同时增长率的数据系列变化很明显，并且覆盖在其他数据系列上方。

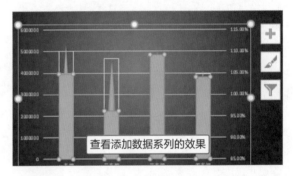

8

保持增长率系列为选中状态，切换至"图表工具-设计"选项卡，在"类型"选项组中单击"更改图表类型"按钮。打开"更改图表类型"对话框，在"为你的数据系列选择图表类型和轴"列表中设置增长率的图表类型为"带数据标记的折线图"类型，单击"确定"按钮。

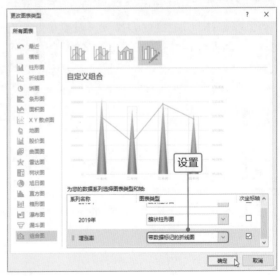

9

返回演示文稿中，可见增长率的柱形图更改为折线图并且以灰色显示。

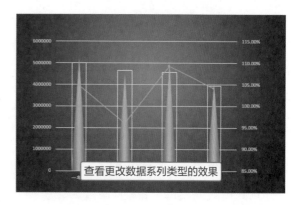

查看更改数据系列类型的效果

10

选中折线图系列，切换到"图表工具–格式"选项卡，单击"形状样式"选项组中"形状轮廓"下三角按钮，在列表中选择橙色，可见折线颜色发生改变。然后再设置折线的粗细为2.25磅。

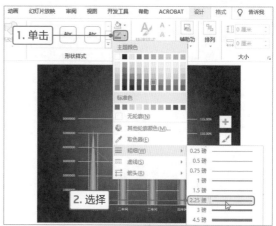

11

保持折线为选中状态，切换至"图表工具–设计"选项卡，单击"图表布局"选项组中"添加图表元素"下三角按钮，在列表中选择"数据标签>上方"选项。

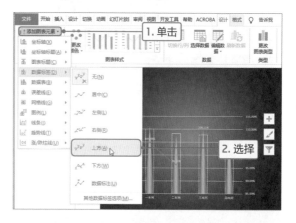

12

为了两个柱形图变化更明显，将纵坐标轴的最小值设置300000。两个柱形图的大小变化就非常清楚。用户根据任务1中设置纵坐标轴最小值的方法设置即可。

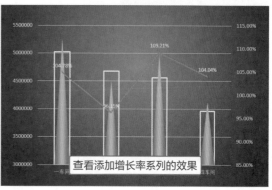

查看添加增长率系列的效果

Point 5 添加或删除元素完善图表

接下来将为图表添加相应的图表元素并删除多余的元素，使图表能够清楚地展示数据。最后再添加标题以及其他幻灯片的修饰元素，下面介绍具体的操作方法。

1

在图表中两个柱形图没有相应的数据标签，而且其数据也比较大，所以我们以表格形式展示。选中图表，切换至"图表工具–设计"选项卡，单击"图表布局"选项组中"添加图表元素"下三角按钮，在列表中选择"数据表>显示图例项标示"选项。即可在图表下方添加数据表，详细显示各车间的相关数据。

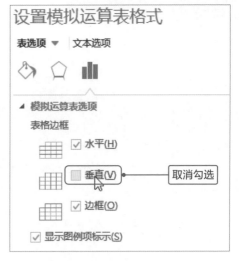

2

选择添加的数据表，打开"设置模拟运算表格式"导航窗格。在"表格边框"选项区域中取消勾选"垂直"复选框，即可将数据表中垂直线隐藏起来，只显示水平框线。

3

选择左侧纵坐标轴，打开"设置坐标轴格式"导航窗格，在"坐标轴选项"选项卡的"标签"选项区域中单击"标签位置"下三角按钮，在列表中选择"无"选项，将选中坐标轴隐藏。根据相同的方法，将次坐标轴也隐藏起来。

4

保持图表为选中状态，单击"添加图表元素"下三角按钮，在列表中选择"网格线>主轴主要水平网格线"选项，即可将图表中水平网格线取消。

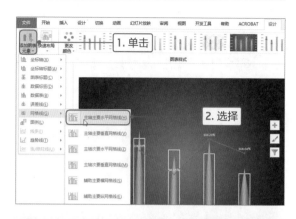

5

添加横排文本框，并输入相关标题内容。设置标题文本的格式，年份字体要稍大点，颜色比下方标题文本亮些。

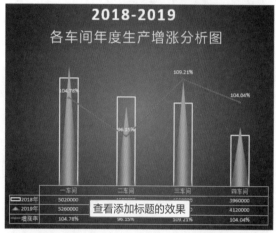

6

然后在二车间数据系列上方插入问号图标，适当进行旋转，突出该车间2019年产量小于2018年产量。本案例以黑白色为主，整体比较暗淡、严肃，添加红色的问号可以适当活跃一下氛围，而且起到突出重点的作用。

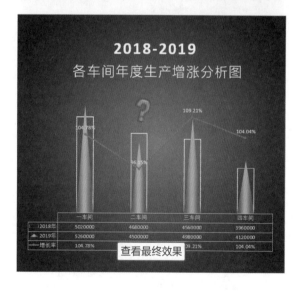

Tips　删除图表元素的作用

本案例的设计宗旨是简洁、明了、清晰、准确，幻灯片中除了图表就是标题和一个图标，为了不给观众造成太大的阅读压力，所以将图表中多余的元素删除。删除多余的元素，在放映时，观众会把大部分精力放在图表上，而图表通过简单的元素准确地展示相关数据，效果会比较好。

为柱形图添加趋势线

为了更直观地表现数据的变化趋势，用户可以为图表添加线性趋势线和线性预测趋势线。并不是所有图表都可以添加趋势线的，我们可向非堆积二维图表添加趋势线，如面积面、条形图、柱形图、折线图、股价图、散点图或气泡图等。不可以向堆积图或三维图表添加趋势线，如雷达图、饼图、曲面图和圆环图等。

1. 线性趋势线的添加

线性趋势线可以展示数据一段时间内变化情况。选中图表，切换至"图表工具-设计"选项卡，单击"图表布局"选项组中"添加图表元素"下三角按钮，在列表中选择"趋势线>线性"选项。在图表的数据系列上方显示细点的趋势线，如下图所示。

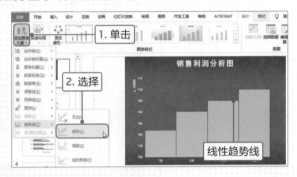

2. 线性预测趋势线的添加

线性预测趋势线可以根据现有的数据对趋势线进行延伸，预测未来值。根据添加线性趋势线的方法添加线性预测趋势线后，可见添加的趋势线一直延伸到右侧数据系列的右侧，其趋势是向上的，预测未来的月份利润会增加，如下左图所示。单击"添加图表元素"下三角按钮，在列表中选择"趋势线>其他趋势线选项"选项，即可打开"设置趋势线格式"导航窗格，在"趋势线选项"选项区域中可以选择趋势线的类型，在"趋势预测"选项区域中设置前推的时间，在下方可以勾选相应复选框，显示公式或者显示R平方值，如下右图所示。

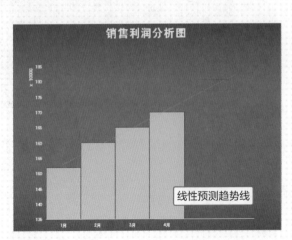

设置线性预测趋势线的前推为1，勾选"显示R平方值"复选框，在添加趋势线的右上角显示R2的值。值为0.9818，该值为0-1的数值，当趋势线R平方值为1或接近1时，趋势线最为精确。向数据添加趋势线时，PowerPoint会自动计算其R的平方值。

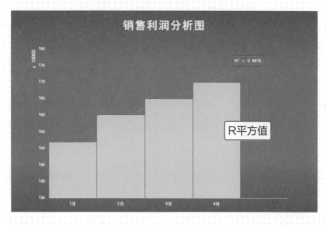

3. 设置趋势线格式

选择添加的趋势线，打开"设置趋势线格式"导航窗格，在"填充与线条"选项卡中的"线条"选项区域选中"实线"单选按钮。然后设置线条的颜色为红色、宽度为2磅、线型为实线，最后再设置结尾箭头的类型和精细，如下左图所示。设置完成后，可见趋势线应用设置样式，红色突出显示趋势线，箭头突出趋势线的方向，如下右图所示。

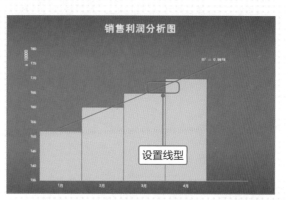

切换至"效果"选项卡，用户可以根据需要设置趋势线的效果，如阴影、发光或柔化边缘，效果如右图所示。

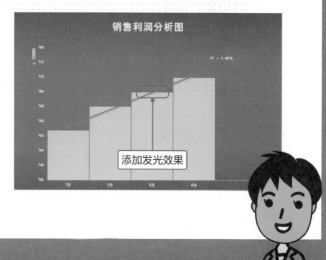

不同类型图表的应用

本章主要介绍了柱形图和饼图的使用，在PowerPoint中包含10多种图表类型，总有60多种子图表类型。在使用图表时，一定要根据数据的特征选择合适的图表类型。

1. 柱形图

柱形图是最常用的图表类型之一，用于表示以行与列排列的数据。柱形图对显示随时间变化而变化的数据很有用，在PowerPoint中包含平面柱形图和三维柱形图两大类。下左图为平面的柱形图，下右图为三维的柱形图。

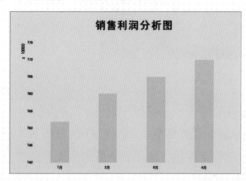 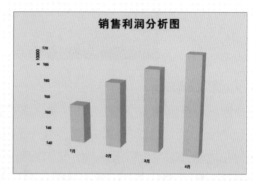

2. 折线图

折线图是将某一个时间点上的数值用点来表示，并将多个点之间用线段连接而成的图表，这种图表很适合多方面展现数据随时间发生变化的趋势。折线图包括7种子图表类型，如折线图、带数据的折线图以及三维折线图。下左图为折线图，下右图为三维折线图。

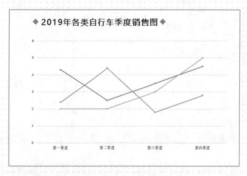 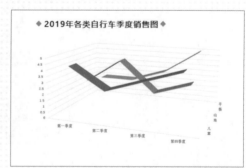

3. 条形图

条形图用于展示多个项目之间的比较情况。条形图相当于柱形顺时针旋转90°，它强调的是特定时间点上分类轴和数值的比较。

条形图包含6个子图表类型，和柱形图一样包括平面和三维两大类型，此处以平面柱形图为例介绍其效果，如右图所示。

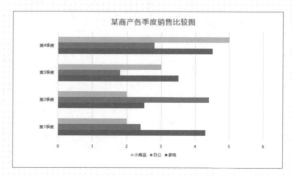

4. 饼图

饼图用于只有一个数据系列，对各项的数值与总和的比例，在饼图中各数据点的大小表示占整个饼图的百分比。

饼图包括5个子类型，分别为"饼图"、"三维饼图"、"复合饼图"、"复合条饼图"和"圆环图"。下左图为饼图的效果。

圆环图可以显示多个数据系列，其中每个圆环代表一个数据系列，每个圆环的百分比总计为100%，如下右图所示。

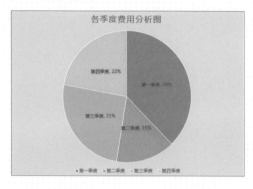
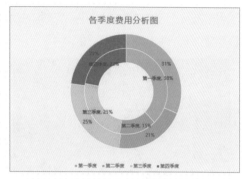

5. XY散点图

XY散点图显示若干数据系列中各数值之间的关系。散点图有水平数值轴和垂直数值轴两个数值轴。散点图将X值和Y值合并到单一的数据点，按不均匀的间隔显示数据点。下左图为散点图，下右图为三维气泡图。

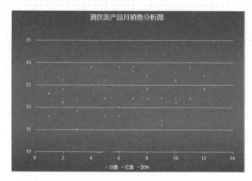
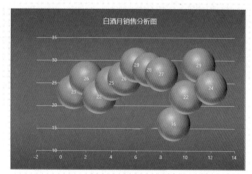

6. 面积图

面积图可以理解为几份折线图累加重叠起来所构成的图表。我们能够从面积图中了解到各项内容的增减情况，所以它非常适合表现集团企业与各企业各片的销售变化。右图为面积图示例。

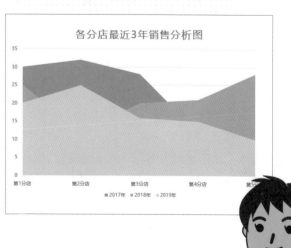

7. 雷达图

雷达图用于显示数据系列相对于中心点以及相对于彼此数据类别间的变化。雷达图的每个分类都有自己的数字坐标轴，由中心向外辐射，并由折线将同一系列中的数值连接起来。雷达图包括3个子类型，分别为"雷达图"、"带数据标记的雷达图"和"填充雷达"。下左图为雷达图示例。

8. 曲面图

曲面图是以平面来显示数据的变化趋势，像在地形图中一样，颜色和图案表示处于相同数值范围内的区域。

曲面图包括4个子类型，分别为"三维曲面图"、"三维线框曲面图"、"曲面图"和"曲面图（俯视框架图）"。下右图为曲面图示例。

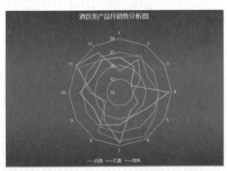
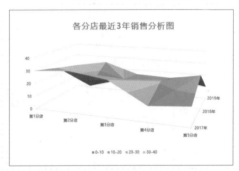

9. 旭日图

旭日图可以表达清晰的层级和归属关系，以父子层次结构来显示数据的构成情况。在旭日图中每个圆环代表同一级别的数据，离原点越近，级别越高。下左图为旭日图示例。

10. 瀑布图

瀑布图是由麦肯锡顾问公司独创的图表类型，该图表采用绝对值与相对值结合的方式，适用于表达数个特定数值之间的数量变化关系。下右图为瀑布图示例。

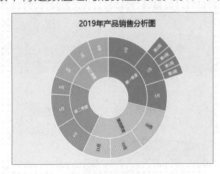
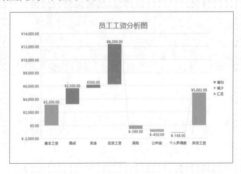

在PowerPoint中还包含股价图、树状图、直方图、箱形图、漏斗图等各种图表类型，此处不再一一介绍。在PowerPoint中，还可以制作一些特殊的图表，如旋风图、甘特图以及通过控件控制图表显示内容的饼图等。由于篇幅有限，下面介绍制作旋风图的方法。

首先，在PowerPoint中插入条形图，如下左图所示。选择"分店2"数据系列，打开"设置数据系列格式"导航窗格，在"系列选项"选项区域中选中"次坐标轴"单选按钮，如下右图所示。

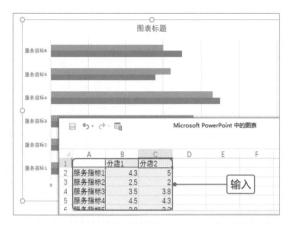
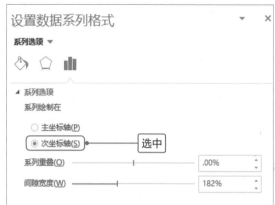

　　两个数据系列重合在一起，在上方显示横坐标轴。选择下方横坐标轴，打开"设置坐标轴格式"导航窗格，在"坐标轴选项"选项区域中设置最小值为-5，如下左图所示。此处设置的最小值即为最大值的负数。然后根据相同的方法设置上方横坐标轴的最小值为-5，最大值为5，与下方横坐标轴一致。可见两个数据系列均显示在正数的横坐标轴一侧，如下右图所示。

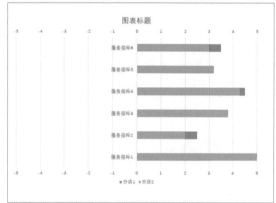

　　保持上方横坐标轴为选中状态，在"设置坐标轴格式"导航窗格中勾选"逆序刻度值"复选框，如下左图所示。可见"分店2"数据系列移到左侧，即可完成旋风图的创建。用户根据需要对其进行美化即可，效果如下右图所示。

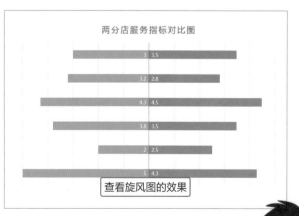

读书笔记

用好图形很关键

　　形状在PowerPoint设计中使用比较频繁，在之前所学的内容中基本上都涉及到形状的应用。例如使用形状分割页面区域、在图表上添加形状以突出文本以及在图表中添加形状标识纵坐标轴的单位等。形状的应用并非仅仅这些，在本部分将使用形状为图片添加蒙版以及绘制组织结构图的操作。此外，在"高效办公"和"菜鸟加油站"中给出一些案例效果，读者可以自行制作。相信学完这些内容后，读者会迫不及待地打开"形状"列表，根据激发出来的创意制作各种美观的作品。

 使用形状为全图型幻灯片中的图片添加蒙版 → P.206

 使用形状展示组织结构图 → P.216

用好图形
很关键

使用形状为全图型幻灯片中的
图片添加蒙版

每周的公司例会都会有不同的主题，然后所有同事都围绕主题进行讨论，最后会得到深刻的道理。本周的例会主题是"团队合作"，厉厉哥带领小蔡和其他同事进行激烈、生动地讨论。讨论的氛围比较好、而且有结论，有助于同事团结。会议结束后，厉厉哥吩咐小蔡将本周主题例会制作成PPT发送给同事，希望同事们都能记住团队合作的重要性。小蔡决定制作全图型的PPT，选择有团结力量的图片更能体现出主题。

NG! 菜鸟效果

没有修饰性元素，整体效果
比较单调

背景图片太过亮丽，
突显不出文本内容

在文本和背景中使用
两种风格的形状

小蔡选择富有团队合作精神的图片作为背景，但是图片过亮，以致于忽略了该页幻灯片的主题；主题文本应用矩形背景，又为整体文本应用椭圆形作为背景，两种形状风格不同，显得格格不入；并且，页面太单调，缺乏修饰性元素。

MISSION!
1

形状是PowerPoint常用的页面修饰元素，在设计幻灯片时，可以说在每一页幻灯片中都可以添加形状。如果让图形真正起到修饰幻灯片的目的，并不是在幻灯片中绘制形状就可以的，而是要先具备合理的设计思路，然后再选择合适的形状。最后根据设计需要设置形状的格式，并添加效果。在本案例中使用矩形弱化背景图片，在文本下方绘制圆形以突出文本，再适当绘制形状进行页面修饰。

OK!

> **团队合作**
> TEAM WORK
> 尊重其他团队成员，努力使自己融入团队之中

在主题文本周围添加圆形形状，进一步修饰页面

在图片上方添加矩形形状，并填充渐变色，弱化背景图片

为文本添加圆形形状作为背景，填充橙色可以突出主题文本

小蔡在原来的作品中添加和页面大小一样的矩形，设置从中心的渐变，为图片添加一层蒙版，背景图片不会太亮；在文本下方创建圆形形状并填充橙色以突出该文本；最后再添加大圆边框和小圆形状，对主题文本进行修饰。

Point **1** 插入背景图片并创建蒙版

本案例介绍团队合作方面的案例，需要使用强有力的图片作为背景。但是背景图片太亮，会吸引受众太多精力并引起过多无关紧要的思考，所以需要添加蒙版以弱化背景。下面介绍具体操作方法。

1

打开PowerPoint 软件，新建空白幻灯片，然后在"设计"选项卡中设置幻灯片的大小为标准4:3。然后单击"插入"选项卡中"图片"按钮。在打开的对话框中选择合适的图片，单击"插入"按钮。

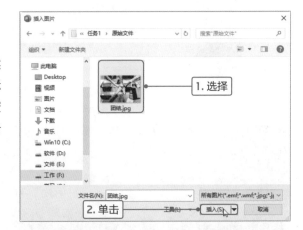

2

选择插入的图片，切换至"图片工具-格式"选项卡，单击"大小"选项组中"裁剪"按钮，将图片裁剪和页面一样大小。然后移动图片，使图片中击拳位置在页面中央。

对插入的图片进行裁剪

3

切换至"插入"选项卡，单击"插图"选项组中"形状"下三角按钮，在列表中选择"矩形"形状。

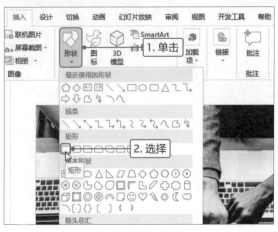

4

返回演示文稿中，绘制一个和页面一样大小的矩形。选中矩形形状，切换至"绘图工具–格式"选项卡，在"形状样式"选项组中设置形状轮廓为无轮廓。单击"形状填充"下三角按钮，在列表中选择"渐变>从中心"选项。

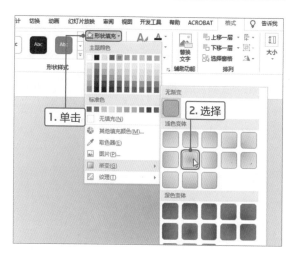

5

右击矩形形状，在快捷菜单中选择"设置形状格式"命令。打开"设置形状格式"导航窗格，在"填充"选项区域中设置渐变光圈从左到右依次为灰色到黑色，然后设置各颜色的透明度和亮度。

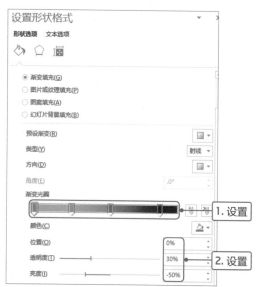

6

设置完成后关闭导航窗格，可见在图片上方添加从中心向四周的渐变。因为设置了透明度，不但显示图片的内容，还降低了图片的亮度。用户如果不使用渐变蒙版，可以为矩形填充纯黑色，然后设置透明度，也可以得到满意的背景图片。

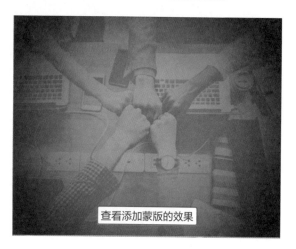

查看添加蒙版的效果

Point 2 输入文字并添加圆形形状

背景制作完成后，接下来开始设计幻灯片的主题部分，首先需要输入主题文本，并对文本进行设置。最后添加圆形形状作为文字的背景以突出文本，下面介绍具体的操作方法。

1

单击"插入"选项卡中"文本框"按钮，在页面内输入相关文本。然后在"字体"选项组中设置文本的字体格式，如字体、字号和文本颜色等。

输入文本并设置格式

2

按住Shift键依次选择文本框，切换至"绘图工具-格式"选项卡，单击"排列"选项组中"对齐"下三角按钮，在列表中选择"左对齐"选项。对齐后再适当调整各文本框之间的距离。

3

然后对3个文本框进行组合。可见主题文本很单调，而且不像是一个整体。再次单击"形状"下三角按钮，在列表中选择"椭圆"形状。按住Shift键在页面中绘制正圆，使其能够完全覆盖住文本。

绘制正圆形状

4

选中绘制的正圆形，在"形状样式"选项组中设置形状轮廓为无轮廓。然后在"形状填充"下拉列表中选择橙色选项，即可为该形状填充颜色。

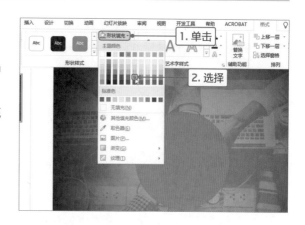

5

选择圆形形状，打开"设置形状格式"导航窗格，在"填充"选项区域中设置透明度为20%。

6

在"排列"选项组中单击"下移一层"按钮，即可将圆形形状移至文本下方，不但能突出文本，而且使所有元素像是一个整体。

7

选择组合的文本和正圆形形状，设置水平和垂直方向居中，然后再组合，最后将组合后的形状显示在页面中心。

Point 3 添加修饰元素

幻灯片的背景和主题制作完成后，再适当添加修饰性元素。本案例中心位置是圆形形状，我们就以圆形形状为例介绍添加修饰元素的方法。在设计修饰元素时颜色适当稍浅点，也不宜太多。

1

首先对橙色圆形的外侧添加圆的线框进行修饰。单击"形状"下三角按钮，在下拉列表中选择"椭圆"形状，在页面中绘制稍大点的正圆形状。

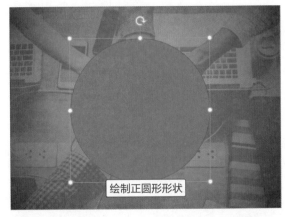

绘制正圆形形状

2

使绘制的圆形形状要稍比橙色圆形大点。如果用户手动掌握不了大小，可以查看橙色圆形的尺寸，高度和宽度为8.6厘米。选择刚绘制的圆形，切换至"绘图工具-格式"选项卡，在"大小"选项组中设置高度和宽度为9厘米，即可精确设置其大小。

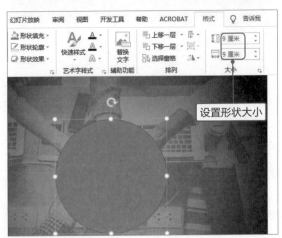

设置形状大小

3

选择正圆形形状，打开"设置形状格式"导航窗格，在"填充与线条"选项卡的"填充"选项区域中选中"无填充"单选按钮。在"线条"选项区域中选中"实线"单选按钮，设置颜色为浅灰色、透明度为40%、宽度为5磅。

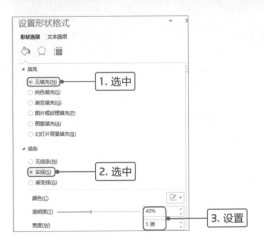

4

设置完成后，选择两个正圆形形状，在"排列"选项组中设置水平和垂直居中对齐。

5

然后再添加小点正圆进行修饰，绘制小正圆形，设置无边框并填充浅灰色，然后设置适当的透明度。将其移至左上角，并调整该形状的层次。

6

然后复制两份小圆形形状，修改填充颜色和透明度，适当调整其大小，放在大正圆的周围。最下方圆形稍大点，并显示在最上方，因为该位置有点空。

Tips　**调整形状的外观**

在PowerPoint中绘制形状后，用户可以对顶点进行编辑，改变形状的外观。右击绘制的形状，在快捷菜单中选择"编辑顶点"命令，可见控制点变成了黑色的小矩形。将光标移到该控制点上单击，即可在两侧出现两个黑色边框白底板的矩形，拖曳调整该矩形，则形状的外面也在改变。调整完成后，在任意空白处单击即可。

对形状进行组合

PowerPoint的"形状"列表中都是常用的形状，如下左图所示。在很多情况下是需要将多个形状进行组合、剪除或拆分得到新的形状，下面介绍具体的方法。

对形状进行组合的功能并不在功能区中显示，所以首先要添加这些功能。单击"文件"标签，在列表中选择"选项"选项，打开"PowerPoint选项"对话框，选择"自定义功能区"选项，在右侧单击"新建选项卡"按钮，并单击"重合名"按钮，在打开的对话框中输入名称，如下右图所示。

 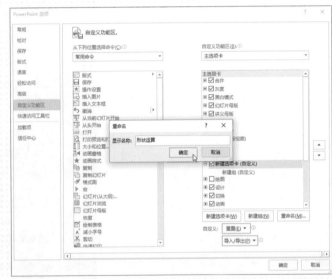

然后根据相同的方法自定义选项组为"形状组合"。单击"从下列位置选择命令"列表中选择"不在功能区中的命令"选项，在列表中选择形状组合相关功能，如"拆分形状"，单击"添加"按钮，即可添加到新建选项组中，如下左图所示。根据相同的方法将其他关于形状组合的功能添加到新建选项组中，则在功能区显示"形状运算"选项，在"形状组合"选项组中显示添加的功能，如下右图所示。

 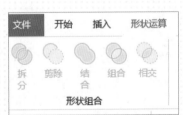

1. 拆分形状

在页面中绘制绿色的圆角矩形和橙色的圆形，圆形放在圆角矩形的右侧并相连。选中绿色圆角矩形，按住Shift键选择橙色圆形，注意选择的顺序，然后单击"拆分"按钮，如下左图所示。可见所有形状变为绿色，而且将相交部分和未相交部分拆分为3个形状，如下右图所示。

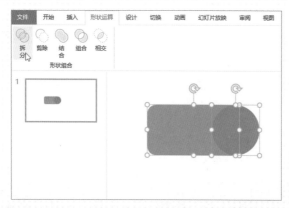

如果在选择形状时，先选择橙色圆形再选择绿色圆角矩形，则拆分的形状均为橙色。

2. 剪除和结合形状

先选择绿色圆角矩形，再选择橙色圆形，单击"剪除"按钮，则在圆角矩形中剪去相交的部分，效果如下左图所示。若先选择圆形，再选择圆角矩形，则剪除圆角矩形和相交部分。

结合形状是将选择形状结合为一个形状，其中形状的格式取决于选择的形状。选择圆形再选择圆角矩形，则效果如下右图所示。

3. 组合和相交形状

组合形状是将多个形状去除相交部分进行组合。如选择圆角矩形，再选择圆形，组合后形状如下左图所示。

相交形状是只保留多个形状的相交部分，格式取决于选择的形状。选择圆形再选择圆角矩形，相交的效果如下右图所示。

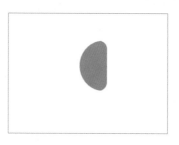

用好图形
很关键

使用形状展示组织结构图

企业为了规范管理各部门人员以及规划各部门的组成结构，现需要将企业各部门的组织结构图绘制出来。组织结构图要求清晰、直观，如果能够再美观就更完美了。小蔡最近使用PPT还挺有心得，于是他自告奋勇负责此项工作。他对销售部门的结构最为熟悉，就决定以该部门试试手，制作精美的组织结构图。厉厉哥吩咐小蔡制作完成后发到交流平台上供同事们查看。

NG! 菜鸟效果

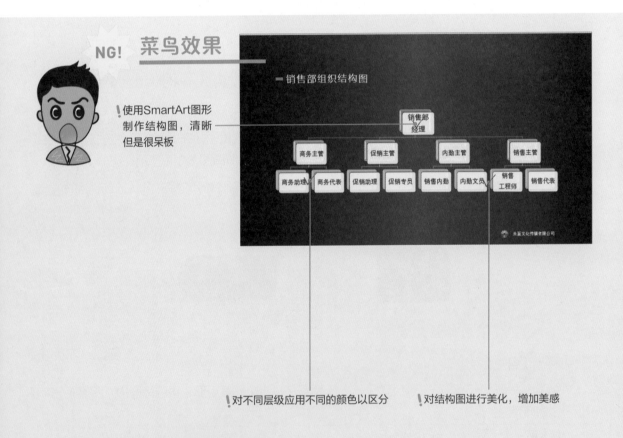

！使用SmartArt图形
制作结构图，清晰
但是很呆板

！对不同层级应用不同的颜色以区分　　！对结构图进行美化，增加美感

小蔡在制作销售部的组织结构图时，使用SmartArt图形制作，这是一种常规的做法，该结构图比较传统没有新意；对不同层级的形状应用不同颜色，很好地区分等级结构；为结构图应用三维效果，使结构图增加一定的美感。

MISSION!
2

在制作组织结构图时，除了使用SmartArt图形外，还可以使用形状进行绘制。使用形状绘制时，可以对组织结构图进行灵活设计，制作出别具一格的结构图。使用"形状"功能设计结构图时，首先需要设计者有一个好的设计思路，否则还不如直接使用SmartArt图形制作呢。使用SmarArt图形制作出来的结构图可以很清晰表明层次结构，但是其版式很传统、呆板，这一点也是为什么需要使用形状制作组织结构图的原因。

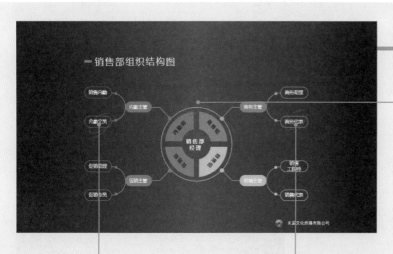

逆袭效果 OK!

使用形状制作结构图，灵活美观，富有创意

以颜色区分各组成部分，直观地展示结构

从中心向四周扩散，再向中心围绕，体现出凝聚力

小蔡使用形状制作结构图，打破常规，而且更吸引受众的眼球，使人眼前一亮；通过填充不同的颜色以区分各组，可以很清楚地展示组成情况，对不同等级填充或不填充颜色，可以很好地区分等级结构；最后以圆形为主要形状由中心向四周发散，再由四周向中心靠拢，体现企业的执行力和凝聚力。

Point 1 制作组织结构图中心圆环

首先制作组织结构图的中心圆环部分，主要是使用两个椭圆形状制作而成的。使用剪除形状功能将小圆从大圆中去除，下面介绍具体的操作方法。

1

要设置幻灯片的大小和页面背景，则首先打开演示文稿并创建空白的幻灯片。切换至"设计"选项卡，单击"自定义"选项组中"设置背景格式"按钮，在打开的导航窗格中设置渐变颜色和渐变角度。

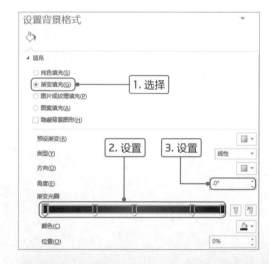

2

单击"插入"选项卡中"形状"下三角按钮，在列表中选择"椭圆"形状。按住Shift键，在页面中绘制稍大点的正圆形形状。

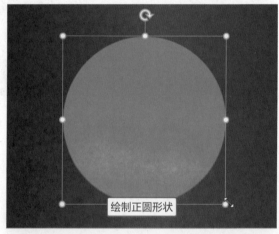

绘制正圆形状

3

选中绘制的正圆，按Ctrl+C组合键复制，再按Ctrl+V组合键粘贴。将复制的圆进行等比例缩放。

Tips 绘制形状时快捷键的应用

在绘制形状时，按Shift键可以绘制正的形状。如果按住Ctrl键，则以单击点为中心向外绘制形状。如果按住Shift+Ctrl组合键，可以绘制以单击点为中心的正的形状。

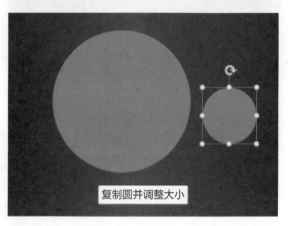

复制圆并调整大小

4

选择两个正圆形状，切换至"绘图工具-格式"选项卡，在"排列"选项组的"对齐"列表中依次选择"水平居中"和"垂直居中"选项，即可将两个圆设计成同心圆。

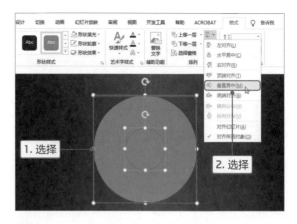

5

先选择大圆，再按Shift键选择小圆，在"形状运算"选项卡中单击"剪除"按钮。

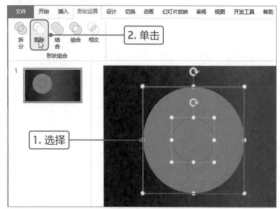

6

即可将小圆从大圆中剪除，从而制作出圆环形状。用户在制作圆环时，需要注意大圆和小圆的大小，大圆的半径为小圆半径两倍左右即可，否则制作的圆环不是很美观。

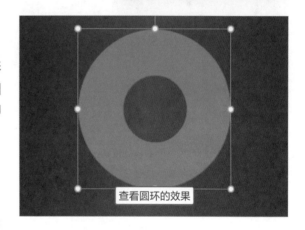

Tips　在快速访问工具栏中添加功能

在使用PowerPoint设计幻灯片时，是不是感觉时间都浪费在功能区寻找某个按钮上了。我们可以将常用的功能添加到快速该问工具栏中，下次使用时直接单击即可。操作方法为：右击某按钮，在快捷菜单中选择"添加到快速访问工具栏"命令。

Point 2 等分圆环并填充颜色

圆环制作完成后，还需要通过形状运算将其四等分，即对矩形形状进行折分运算。每等分代表不同部门，还需要填充不同颜色以区分。下面介绍具体的操作方法。

1

在"形状"列表中选择"矩形"形状，在页面中绘制细长的矩形，其长度大于大圆的直径。然后复制一份矩形，在"排列"选项组中单击"旋转"下三角按钮，在列表中选择"向右旋转90°"选项。

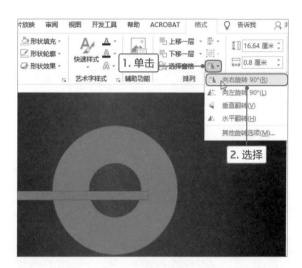

2

选择两个矩形形状，设置水平和垂直方向居中对齐。然后选择两个矩形形状，切换至"形状运算"选项卡，单击"形状组合"选项组中"结合"按钮，即可将两个矩形形状结合成一个形状。

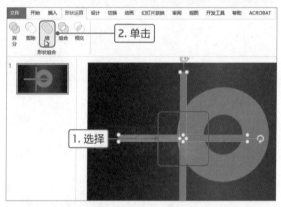

3

选择结合后的形状和圆环形状，在"绘图工具-格式"选项卡中设置水平和垂直方向的居中对齐，使两个形状的中心点重合。

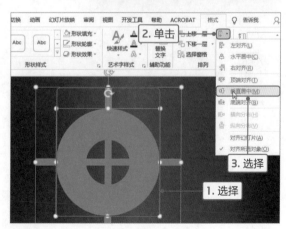

4

保持两个形状为选中状态，在"形状运算"选项卡中单击"折分"按钮。

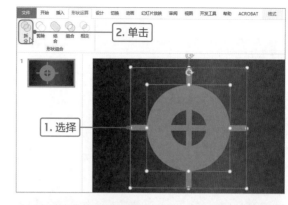

5

然后将除圆环部分外的所有形状全部删除，即可完成将圆环等分为4份。各部分为独立的形状，可以单独进行操作。

查看分离圆环的效果

6

选择左上角形状，切换至"绘图工具-格式"选项卡，在"形状样式"选项组中设置形状填充颜色为橙色。

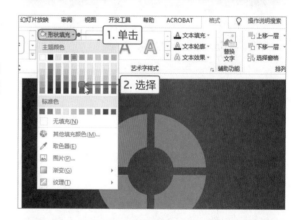

7

根据相同的方法为其他3个形状填充不同的颜色。填充颜色的原则是相邻的形状填充颜色对比要稍微强烈点。然后选择所有形状并进行组合。

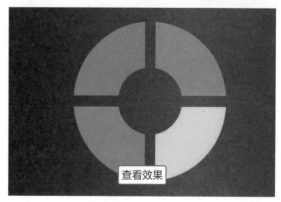

查看效果

Point 3 绘制各部门的分支形状

在各组中还包括部门主管以及主管下属人员，所以还需要进一步设置分支。其中各分支的主题颜色与各圆环部分一致，这样可以很清楚地查看各部门的结构。下面先介绍具体操作方法。

1

首先绘制"商务组"的分支形状。在页面中绘制比圆环稍大点的圆形，设置无填充，边框设置为灰色。然后将绘制的圆形和圆环设置为水平和垂直居中对齐。

绘制大圆并设置格式

2

在页面中绘制水平方向的直线，然后复制一份。将两个直线形状设置水平和垂直对齐，并进行组合。将所有形状选中再设置水平和垂直对齐，将两条直线顺时针旋转45°。

 Tips **参考线的作用**

本操作步骤是创建参考线，定位各圆环的等分点上，然后从等分点创建分支。

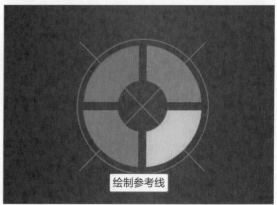

绘制参考线

3

单击"形状"下三角按钮，在列表的"流程图"区域选择"流程图：接点"形状。然后在右上角等分点上绘制接点，并填充绿色。

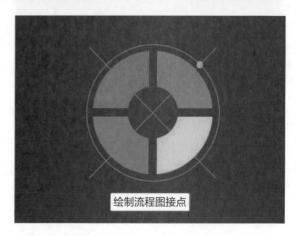

绘制流程图接点

10
%

100
%

4

在"形状"列表中选择"直线"形状,从接点处绘制倾斜45°的线段,然后再沿着线段上方绘制水平的线段。设置线段的颜色为灰色。在绘制倾斜线段时,可以沿着参考线绘制。

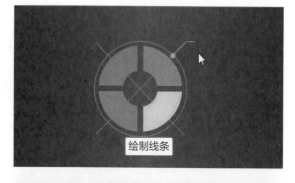

绘制线条

5

在水平线段右侧绘制圆角矩形形状,设置无轮廓、填充和圆环相同的颜色。最后再调整黄色控制点,使圆角最大。

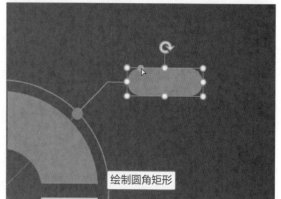

绘制圆角矩形

6

然后在圆角矩形右侧绘制一条半圆弧,设置颜色为灰色。复制绘制的接点形状,放在圆弧上方,并适当缩小接点形状。

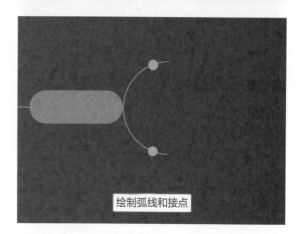

绘制弧线和接点

7

在半圆弧右侧绘制两个圆角矩形,设置无填充、轮廓颜色为圆环颜色。最后将分支所有形状选中并组合在一起。

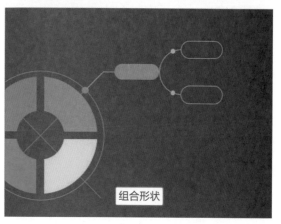

组合形状

8

本组织结构图包含4部分分支，所还需要3个分支图。选择组合的分支形状，并复制3份。选择其中一份，在"排列"选项组中对其适当旋转。

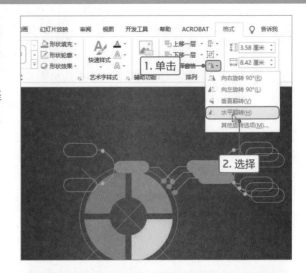

9

将旋转后的形状移至左上角圆环上，使接点与等分点重合。

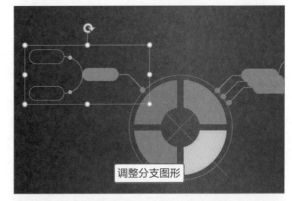

调整分支图形

10

根据相同的方法，对复制的形状进行适当旋转，然后放在合适的位置，一定要保证与等分点重合，最后删除辅助线。

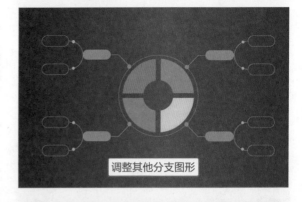

调整其他分支图形

11

除了线段和弧线外，各分支形状均设置和对应的圆环颜色一致的填充色。为了防止颜色偏差，用户可以使用"取色器"吸取相应的颜色。

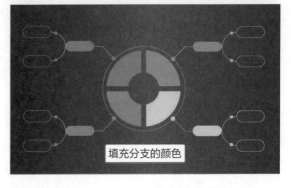

填充分支的颜色

Point 4 添加文本完成结构图的设计

结构图的整体结构设计完成，接着需要添加相关文本。本案例主要通过添加文本框和在形状中编辑文本的方法添加文本，下面介绍具体操作方法。

10
%

1

在"插入"选项卡中单击"文本框"按钮，在页面中输入"销售总经理"文本，在"字体"选项组中设置文本的格式。将文本放在圆环的中心位置。

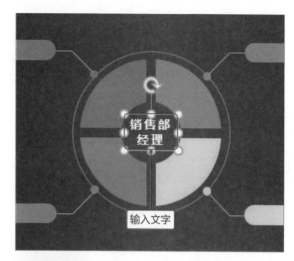

100
%

2

然后再添加文本框并输入"商务组"文本，右击文本框，在快捷菜单中选择"设置形状格式"命令。在打开的"设置形状格式"导航窗格的"大小"选项区域中设置旋转角度为45°，可见文本顺时针旋转45°，并移至右上角圆环中心位置。

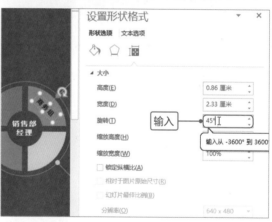

3

复制"商务组"文本框，修改文本。根据需要设置旋转的角度，并放在圆环的不同位置。最后对文本框进行对齐操作，使其整齐显示。

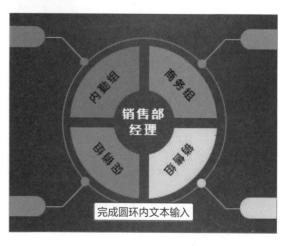

4

在分支形状中输入文本，选择任意圆角矩形并右击，在快捷菜单中选择"编辑文字"命令，即可在形状中输入文字。

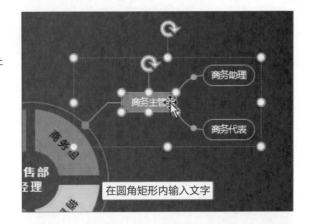

5

根据相同的方法，在所有圆角矩形中输入文本。此时会发现在下方的两个分支中文本是倒立显示的，因为之前设置形状旋转的原因。

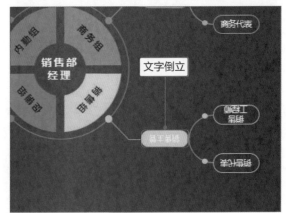

6

只需要选择对应的圆角矩形，在"绘图工具-格式"选项卡的"排列"选项组中设置旋转为"垂直翻转"即可。

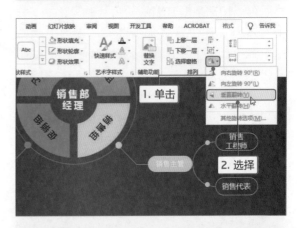

7

根据相同的方法调整文本正确显示，将所有形状选中并进行组合。然后在左上角输入结构图的标题，并添加矩形修饰。最后在幻灯片右下角添加Logo图片和企业名称文本即可。

使用形状展示图片

之前学习了如何在图片上添加各种形状，以突出某部分内容，或者添加蒙版制作不一样的图片。在PPT中我们经常使用图片。矩形和圆形形状进行页面修饰，经常使用这样的方法难免会觉得页面单调、乏味、死板。此时，我们还可以进行创意排版，然后再填充图片，创建新颖的效果。

首先在幻灯片中插入圆角矩形，调整圆角为最大，然后多复制些形状。适当调整各形状的大小，并进行排版，如下左图所示。选择所有形状并进行组合，然后右击，在快捷菜单中选择"设置形状格式"命令，在打开的导航窗格中设置旋转角度为45度，如下右图所示。

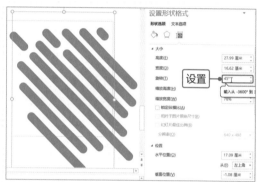

在导航窗格中切换至"填充与线条"选项卡，在"填充"选项区域中选中"图片或纹理填充"单选按钮，再单击"文件"按钮，如下左图所示。在打开的对话框选择合适的图片，然后单击"打开"按钮，返回导航窗格中取消勾选"与形状一起旋转"复选框，即可将图片填充至圆角矩形内。然后根据形状运算对圆角矩形进行裁剪，并添加相关文本，最终效果如下右图所示。

制作出来的效果是不是很有创意呢！用户可以发挥创意设置不同的形状，然后填充图片，看看会有什么奇迹发生。

右图是通过矩形和圆形制作出的邮票效果。

SmartArt 图形的应用

　　SmartArt图形以图形表示各类数理关系、逻辑关系，并让这些关系可视化、清晰化。Smart-Art图形是PowerPoint自带的一个应用，它提供了8种类型图形，每种类型中包含多个子类型。

　　SmartArt图形应用比较简单，只需要插入合适的图形，然后输入相关文字或添加图片，最后再进行美化即可。单击"插入"选项卡下"插图"选项组中SmartArt按钮，在打开的对话框中选择合适的SmartArt图形类型，单击"确定"按钮。下图为PowerPont 2019中SmartArt图形的所有类型。

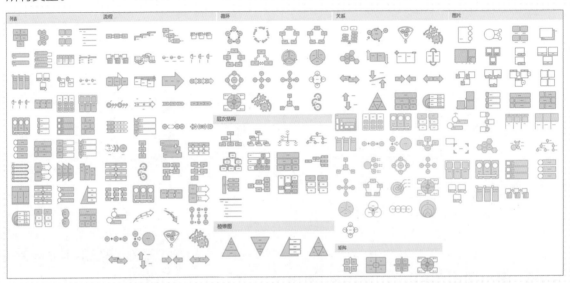

　　接下来介绍将文本框快速转换为SmartArt图形的方法。在幻灯片中插入文本框，并输入相关内容，各职位输入完成后按Enter键分行，如下左图所示。然后选择需要提高列表级别的文本，在"段落"选项组中单击"提高列表级别"按钮，如下右图所示。

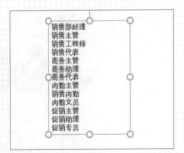
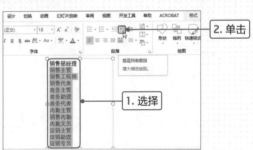

　　可见选中的文本向右侧移动，然后根据相同的方法再将其他级别的文本再提高列表的级别。设置完成后，选中文本框，单击"段落"选项组中"转换为SmartArt图形"按钮，如下左图所示。在列表中选择合适的SmartArt图形类型，即可将文本转换为图形，选择"其他SmartArt图形"选项，则打开"选择SmartArt图形"对话框，选择合适的选项，单击"确定"按钮，如下右图所示。

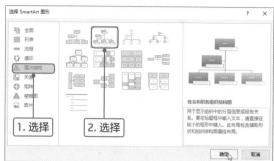

返回演示文稿中，可见文本框中的文本转换为SmartArt图形显示了，如右图所示。

此时，在功能区显示"SmartArt工具"选项卡，我们可以在"设计"和"格式"子选项卡中对SmartArt图形进行美化操作。

此外，我们也可以将图片转换为SmartArt图形，操作方法和文本框一样，此处不再赘述，用户可以自行尝试。用户也可以根据需要更改图片图形的外观，如将正方形图片更改为圆形等。

要想通过SmartArt图形制作PPT封面，则首先在页面中插入"分段棱锥图"图形，如下左图所示。然后通过添加形状的方法添加三角形，对其进行分布排版，如下右图所示。

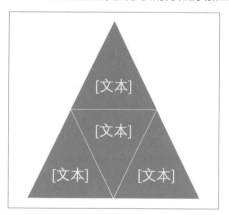

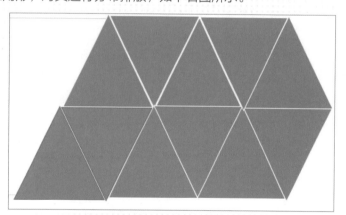

主要步骤操作完成后，下面为形状添加图片，在添加图片时，主体人物若不在形状的中间位置，可以通过"设置图片格式"导航窗格中"向左偏移"、"向右偏移"、"向下偏移"和"向上偏移"功能调整图片位置。但需要注意不能将图片调整变形了。最后在页面中添加文本和其他形状修饰，效果如右图所示。

读书笔记

教你制作完整的演示文稿

在学习本部分内容之前，相信用户对幻灯片的制作都有一定的理解，也都能制作出精美的PPT。本部分将系统地介绍演示文稿各构成部分的制作方法，如封面页、目录页、过渡页和结尾页。在制作任何一张幻灯片时都必须遵循设计的四大原则：亲密、对比、重复和对齐，制作出的PPT才能达到合格、满意的效果。为了制作出精美的PPT，还需要理解配色、图片和图形的使用等知识。相信通过本部分的学习，读者能够理解一套完整演示文稿的结构以及各部分的设计要领。

企业宣传演示文稿封面的设计

企业将参加四年一度的商业博览会，为了更好地将企业宣传出去，现在需在制作企业的宣传演示文稿。企业相关部门将此次宣传的相关方案整理完成，现在需要制作成演示文稿，以方便放映。首先需要制作演示文稿的封面，小蔡对PPT设计已经有一定的心得，将负责这项工作。厉厉哥要求小蔡设计封面时，不仅要考虑美观性，幻灯片风格还要符合企业形象。

NG!　菜鸟效果

! 标题文本与副标题文本距离太大

! 图片与页面之间没有过渡

! 图片中楼房与梯形的斜边相交

小蔡在制作封面时，采用图片作为背景，通过图片展示商业气息，但是图片中楼倾斜方向与梯形相对，产生针锋相对的感觉；其次，图片与页面之间没有任何过渡，比较生硬；封面中最重要的标题设计也不合理，标题颜色与主题色不统一；并且，文本之间的距离太大，很分散。

MISSION!

1

封面是一份演示文稿最重要的部分，是PPT作品的第一视觉印象，直接体现了PPT的中心内容，一个好的封面能给观众带来好的印象。 在设计封面时，大家越来越喜欢使用图片作为背景，因为图片的感染力比较强。但是，使用图片时一定要注意图片和标题文本要有关联并且能融合在一起。本案例使用办公楼的图片作为封面背景，以左文右图的方式制作封面效果。

逆袭效果 OK!

对图片进行旋转，使楼的倾斜方向与梯形一致

图片与页面之间通过色块过渡

标题文本字号大小不同，间距合适，排列整齐

小蔡针对封面中存在问题进行修改，首先将图片进行水平翻转，使其与梯形倾斜边一致；其次，在图片和页面之间添加蓝色的色块以进行过渡，其中颜色与主题色一样；最后在设计主题文本时，字号大小不同产生层次感，而且文本之间距离合理，使其形成一个整体。

Point 1 设置幻灯片的母版

本案例使用的图片是以梯形形式显示的，包括两种形式，一种是标题幻灯片图片在右侧，一种是正文幻灯片图片在左侧。并且在页面右上角添加企业Logo和名称等操作，都可以通过母版完成，方便幻灯片的制作。

1

打开PowerPoint 软件，切换至"视图"选项卡，单击"母版视图"选项组中"幻灯片母版"按钮。

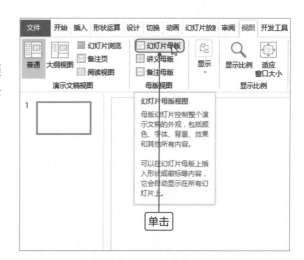

2

进入幻灯片母版视图，功能区显示了"幻灯片母版"选项卡，在"背景"选项组中单击"字体"下三角按钮，在列表中选择合适的字体选项。

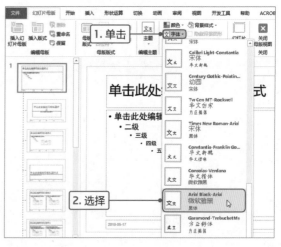

3

选择第一张母版幻灯片，切换至"插入"选项卡，单击"图像"选项组中"图片"按钮。在打开的对话框中选择Logo图片，放在页面右上角，然后再输入企业名称并设置格式。

4

在"插入"选项卡下单击"文本"选项组中"页眉和页脚"按钮。打开"页眉和页脚"对话框，在"幻灯片"选项卡中勾选"日期和时间"、"幻灯片编号"和"标题幻灯片中不显示"复选框，单击"应用"按钮。

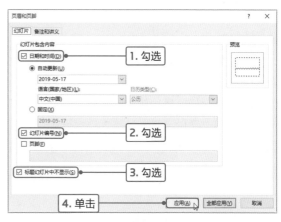

5

选择第二张幻灯片，即标题幻灯片版式。在"插入"选项卡中单击"形状"下三角按钮，在列表中选择梯形形状。在页面右侧绘制和页面高度相同的梯形并右击，在快捷菜单中选择"编辑顶点"命令。

6

调整四个角的控制点，将梯形调整为直角梯形，左下角点调致页面左侧1/3的位置，左上角点调致中间左右的位置。

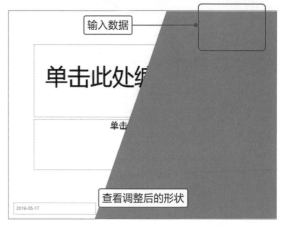

7

在"绘图工具-格式"选项卡的"形状样式"选项组中设置形状填充为石板蓝、无边框。最后将该形状位置设置为底层。

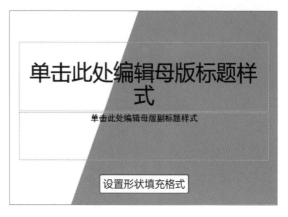

切换至"幻灯片母版"选项卡，在"编辑母版"
选项组中单击"插入版式"按钮，即可在标题幻
灯片下方插入幻灯片。删除文本框。将标题幻灯
片中梯形复制两份，插入的版式幻灯片中，然后
调整梯形大小。单击"插入占位符"下三角按
钮，在列表中选择"图片"选项。

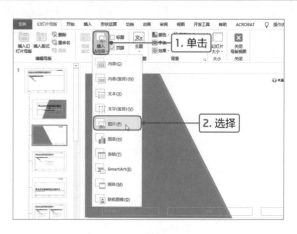

在页面中绘制图片占位符，选中占位符，切换
至"绘图工具-格式"选项卡，单击"插入形
状"选项组中"编辑形状"下三角按钮，在列
表中选择"更改形状"选项，在子列表中选择
梯形形状。

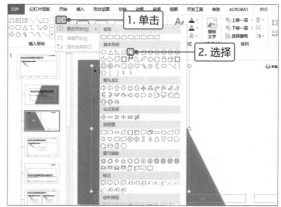

然后再对占位符的形状进行编辑顶点，使其四
个顶点与上方蓝色顶点重合。

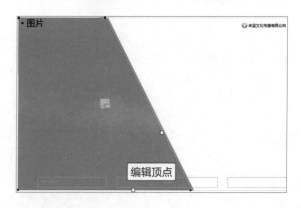

1

删除蓝色的梯形形状，切换至"幻灯片母版"
选项卡，单击"关闭"选项组中"关闭母版视
图"按钮，即可进入普通视图。

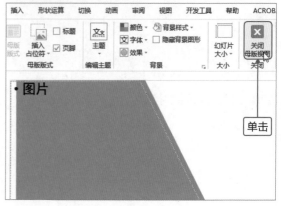

Point 2 封面图片的设计

在设计封面时，设计者的主要思路是以大面积的图片展示商业气息，然后通过简短的语言表明该演示文稿的用意。封面图片是以梯形形式显示的，下面介绍具体的操作方法。

10%

50%

80%

100%

1

切换至"开始"选项卡，单击"幻灯片"选项组中"新建幻灯片"下三角按钮，在列表中选择"标题幻灯片"选项。

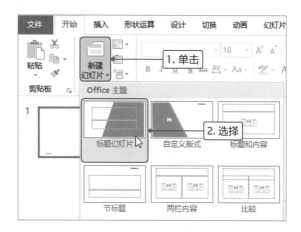

2

在页面中绘制梯形形状，并编辑顶点，使用4个顶点与母版中梯形顶点重合。然后设置绘制的梯形为无轮廓，最后将梯形向右侧稍微移动，使母版中梯形显示左侧的斜边。

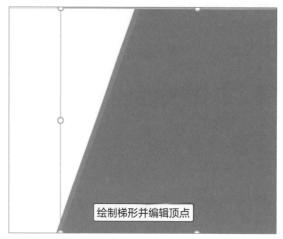

绘制梯形并编辑顶点

3

切换至"插入"选项卡，单击"图像"选项组中"图片"按钮，在打开的对话框中选择合适的图片，单击"插入"按钮。

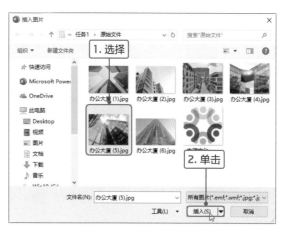

4

可见插入图片中楼的倾斜角度和梯形斜边是相反的。切换至"图片工具–格式"选项卡，单击"排列"选项组中"旋转"下三角按钮，在列表中选择"水平翻转"选项。

5

使图片与梯形上侧和右侧重合，然后拖曳图片左下角控制点。此时透过图片可以看到梯形形状，预览梯形中图片部分，感觉满意后释放鼠标左键即可。

调整图片大小

6

切换至"图片工具–格式"选项卡，单击"排列"选项组中"选择窗格"按钮。打开"选择"导航窗格，选择"梯形1"并进行复制。

复制形状

7

接着需要将图片和底部的梯形进行相交运算，可见在页面中是无法选择图片和相应的梯形的。在"选择"导航窗格中选择"图片1"，再按Ctrl键选择下方"梯形1"，即可选中图片和下方梯形形状。

选择图片和形状

8

切换至"形状运算"选项卡，单击"相交"按钮，即可将图片与梯形相交部分保留，图片呈梯形显示。

9

此时，我们发现图片上方太亮，需要添加蒙版适当压暗点。首先将复制的梯形形状与图片重合，打开"设置形状格式"导航窗格，设置形状的梯形渐变参数从上到下为黑色、灰色、浅灰色，并设置各渐变滑块的透明度值。

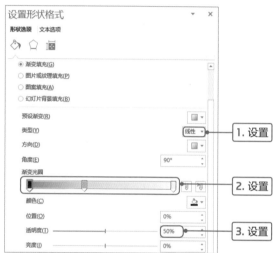

10

可见图片的整体亮度降低，特别是天空部分不这么刺眼了。封面背景图片效果设计完成，查看最终效果。

Tips　**使用图片和形状运算的好处**

本案例在封面设计中将图片和形状运算操作，有的读者会问为什么不在形状中填充图片呢？如果将图片填充在形状中，不需要对图片进行操作时，此方法是最好用的。但是本案例还需对图片进行大小调整和水平翻转，因此需在将图片设置满意后，再进行运算。如果直接在形状中填充图片，则图片翻转时，形状也会翻转，就会改变整体的版式。

Point 3　封面文本的设计

封面的整体结构创建完成后，还需要添加相关的文本以阐述主题。在设计封面文本效果时，一定要注意文本的大小、文本的距离和对齐等。下面介绍具本操作方法。

1

首先在页面左上角输入"企业宣传"文本，然后设置字体和字号并加粗显示，最后设置字符间距。

2

接着创建文本框，继续输入其他的文本内容，并设置合适的文本大小和字符间距。

3

最后在页面左下角创建文本框，然后输入日期和英文企业名称文本，设置合适的文本样式。

4

选择"质量是企业永恒的主题"文本框，在"形状格式"选项卡下单击"形状填充"下三角按钮，在下拉列表中选择"取色器"选项，在页面中需要取色的位置单击，为文本框填充选择的颜色。

5

在"插入"选项卡下单击"形状"下拉按钮，在下拉列表中选择"直线"选项，在文本框下方合适位置绘制连接线，在上下文本框之间的空白区域起到连接过渡画面的作用。

6

为连接线设置合适的颜色和线宽后，即可完成企业宣传演示文稿封面的设计。

Tips **设置封面标题的方法**

不管是封面标题还是正文标题，都需要突出显示。其方法有很多，下面介绍常用的几种方法：1.更改标题的字体增加辨识度；2.为文字加粗；3.加大字号；4.更改标题颜色；5.添加线条边框或分割线。右图的标题应用加大字号、加粗显示更改颜色的方法。

封面中图片和图形的应用

在设计封面时，首先需要构建封面的框架和结构，然后再添加合适的修饰元素。在PPT中封面由背景和标题两部分组成时，以图片的方式作为封面的背景介绍。使用图片时，可以采用全图或半图的方式。除了图片的应用外，在设计封面时还可以采用图形作为背景，或以图片和图形相结合的方式。

1. 全图型PPT封面

全图型PPT封面和制作全图型的幻灯片类似，读者可以参考之前所学的知识。全图型PPT封面是将图片覆盖整个页面，标题的位置需要根据图片而定，使排版达到平衡。下面将展示相关效果图。

下图为图片主体位于左侧，右侧留有大量的空白，所以标题位于右侧最合适。但是图片右侧空白的天空特别亮，因此添加矩形形状制作蒙版，使右侧变暗，然后再输入标题文本。

下图的图片中心点在中心位置，为了使观众的观注点停留在标题上，所以将标题位于图片的中心位置，然后添加圆形形状更突出标题。

2. 半图型PPT封面

半图型PPT封面是指图片在封面背景中直接以分割的形式占据一定位置。标题的位置需要参照图片占据的位置来布置，可以位于图片以外的区域，也可以覆盖在图片上方。图片在封面上使用，除了简单的裁剪切割，还可以增加不同的过渡方式，与背景或其他形状合理搭配。下图为图片在上方、标题文本在下方的半图型PPT封面，只需要将图片进行裁剪即可。

下图是通过添加色块覆盖图片的部分内容，制作的半图型PPT封面。

3. 利用图形制作封面

如果没有合适的图片作为封面的背景，不要着急，还可以用图形制作封面。如使用线条或色块制作封面，其效果也是非常震撼的，如下图所示。

教你制作完整
的演示文稿

企业宣传演示文稿目录页的设计

企业宣传演示文稿的封面制作完成后，厉厉哥想对宣传内容进行整理、归纳。然后制作一页合理的目录，将内容条理、清晰地展示出来，方便观众在浏览演示文稿时对接下来的内容有一个基本的了解。企业宣传封面页的设计效果厉厉哥很满意。目录页的设计继续由小蔡来完成。历厉哥吩咐小蔡在对目录页进行设计时，除了外观要美观外，一定要有条理性。

NG! 菜鸟效果

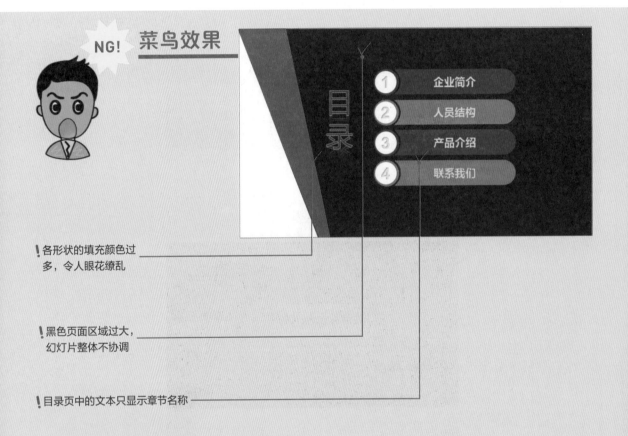

! 各形状的填充颜色过
多，令人眼花缭乱

! 黑色页面区域过大，
幻灯片整体不协调

! 目录页中的文本只显示章节名称

小蔡在制作目录页时，为了页面美观使用过多色块，而且颜色过多且重点不突出，让观众眼花缭乱；页面分布不够合理，黑色色块占页面太大，整体不平衡；在介绍目录时，文本太单调，而且不完整。

MISSION!
2

在大部分PPT里面，封面页是最重要的，其次就是目录页。有吸引力的目录页，不仅仅是逻辑框架清晰，而且设计也能让人眼前一亮。目录页主要通过文本让观众了解到该演示文稿的结构、演示的时间以及重点部分等。目录页的文本主要包括大标题和小标题，所以在设计时需要清晰展示各标题的层级关系。为了目录页的美观，目录文本输入完成后，还需要进行美化，根据演示文稿的主色和风格添加修饰元素。

10%

50%

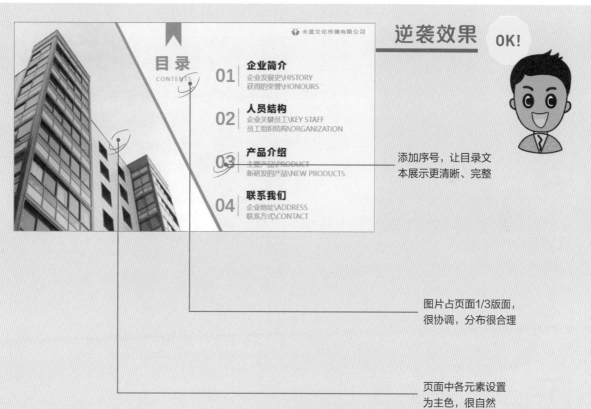

添加序号，让目录文本展示更清晰、完整

图片占页面1/3版面，很协调，分布很合理

页面中各元素设置为主色，很自然

80%

100%

小蔡根据原目录页演示文稿的各种不足之处进行进一步修改，采用封面的版式以半图型页面制作目录，图片所占面积和整体页面协调；页面中各元素的颜色与主色一致，不会显得突兀；各部分目录介绍完整，分布很合理。

Point 1 制作目录页的背景

在本案例中，目录页设计为半图型的，与封面图片是相反的，之前介绍了母版的设置方法，现在我们可以通过母版快速设置幻灯片背景。下面介绍目录页背景制作的操作方法。

1

切换至"开始"选项卡，单击"幻灯片"选项组中"新建幻灯片"下三角按钮，在列表中选择"自定义版式"幻灯片。

该自定义版式为上一任务设置母版时新建的幻灯片版式。

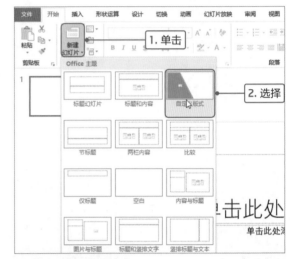

2

插入的幻灯片应用设置的版式，其中包含一个梯形的色块和一个梯形的图片占位符。单击梯形占位符中图片图标。

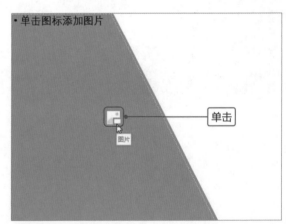

3

打开"插入图片"对话框，选择合适的图片，单击"插入"按钮。

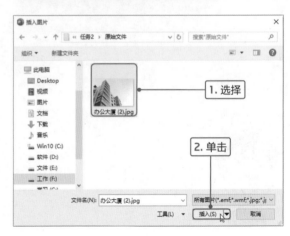

Tips **删除模版中无法编辑的部分**

用户在网上下载模版时，经常发现有的元素无法编辑和删除。这时可以在幻灯片母版视图中进行删除或编辑操作。

4

选中的图片会以占位符的形状显示。选中插入
的图片时，在功能区显示"图片工具"选项
卡。此时我们发现无法对其编辑点进行调整，
只有在母版视图中调整。

查看插入的图片

5

切换至"设计"选项卡，单击"自定义"选项
组中"设置背景格式"按钮。在打开的导航窗
格中设置背景填充为浅灰色。

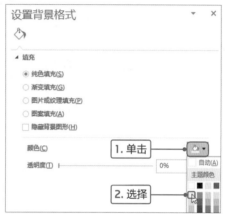

6

可见页面的背景颜色由白色变为浅灰色，图片
与页面过渡时效果更加自然。

查看目录页背景效果

Tips　幻灯片母版的作用

对幻灯片母版进行编辑，可以控制整个演示文稿的外观，如字体、背景颜色、效果等，通过设置母版可以统一演示文
稿的风格。幻灯片母版的作用介绍如下。

1. 固定图片或文本（如固定企业的Logo和名称）；

2. 固定版式（减少多次设置版式）；

3. 插入占位符（使用点位符固定页面中插入的内容）。

Point 2 输入目录文字内容

目录页需要展示幻灯片的整体框架和结构，我们可以通过目录了解演示文稿分为几个部分。目录页中最主要的就是文字内容，通过简洁的文本可以清晰地展示演示文稿的结构，让观众了然于心。下面介绍具体的操作方法。

1

在页面中插入横排文本框，并输入"目录"文本，在"字体"选项组中设置文本格式。设置字符间距为15磅，使两个文本之间距离增大。用户也可以通过添加空格的方式实现增大字符间距。然后在"目录"文本下方输入CONTENTS并设置相应的格式。

2

接着输入第一部分的目录，每一部分的目录包含两节内容，所以将第一部分"企业简介"文本加粗并放大，然后将两节的文本内容缩小并在文本右侧输入相关的英文。再设置相关文本格式，将第一部分文本选中并左对齐。

3

在第一部分文本的左侧输入01文本，适当增大文本，并设置文本颜色与"目录"的颜色一致。然后将第一部分文本进行组合，再设置01和该文本为垂直居中对齐，最后将两部分文本进行组合。

4

复制3份第一部分所有内容，调整复制内容的位置。然后选择所有目录部分内容，设置对齐方式为左对齐和纵向分布。可见目录各部分均匀地分布在页面右侧。

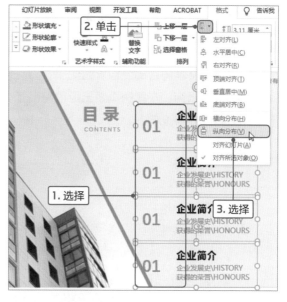

5

然后对复制内容的文本进行修改，展示相关部分的内容。适当调整文本框的位置，使其不于图片或梯形色块接触。

6

可见数字与各部分的文本之间距离有点大，在两者之间插入垂直的线段并设置颜色和宽度。

Tips　目录页的结构

目录页主要包含两大部分：大标题和小标题块。其中大标题很简单，就是本案例中的"目录"文本。小标题块包括章节名称、一句话简介（本案例中为章节下级的小标题）和序号。章节名称体现演示文稿分为几大部分。为了版面统一、方便设计，章节名称的字数最好相同，如果不同可以通过添加边框或色块的方式进行统一。序号表示各章节演示的先后顺序，其排序的方向为从左到右或从上到下，如果方向反了，不符合观众的浏览直觉，让人感觉别扭。序号通常情况下用阿拉伯数字、英文数字、中文大写数字等表示。

Point **3** 添加修饰性的图标

至此，目录页文本内容已经输入完成了，为了使本页幻灯片效果不单调，可以再添加图形进行修饰。本案例页面已经很充实了，所以只添加一个图形进行修饰，下面介绍具体的操作方法。

1

在"形状"列表中选择"矩形"形状，然后在"目录"文本上方绘制矩形。其顶端于页面的上端对齐。

2

然后再绘制等腰三角形，适当调整三角形底边的长度。然后将三角形形状与矩形进行水平居中对齐，并确保三角形两侧边与矩形下方两个角重合。

3

选择矩形形状，按住Shift键再选择等腰三角形形状。切换至"形状运算"选项卡，单击"剪除"按钮。
此处的操作，需要注意选择形状的先后顺序。

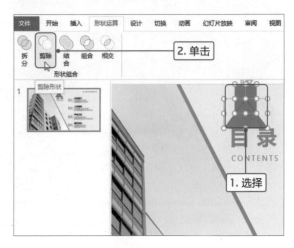

4

操作完成后，即可从矩形中剪除等腰三角形。用户可以根据形状运算的相关知识，制作出需要的形状。

5

在"形状样式"选项组中设置形状填充颜色与"目录"文本颜色一致，最后设置该形状与"目录"文本框水平居中对齐。至此，目录页制作完成。

Tips **演示文稿的主色**

为了使演示文稿整体看起来很协调，在制作之前我们需要确定一个主色，而且要贯穿整个文稿。如我们在制作本案例时，其主色为水绿色。在"幻灯片浏览"视图中可以看到该演示文稿的主色，其整体感觉是一个不可分割的整体。

用户在确定演示文稿的主色时，也需要遵循相关规则，否则制作出来的PPT显得不合谐。下面介绍各行业潜在的配色方案：科技行业的配色为黑、灰、蓝；金融行业的配色为深蓝、深红；医药行业的配色为绿、蓝；党政机关配色为深红、黄、深蓝。右图为党政机关的演示文稿配色效果。

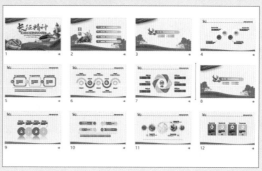

目录页的版式

目录页的重要性在此就不再介绍了，它的版式和设计与封面的分类类似，可分为图片和图形两种。下面详细介绍目录页的各种版式应用。

1. 腰带型目录页

在制作目录页时，可以将图片以腰带的形式丰富页面的视觉效果。下图为横向腰带型的目录页。用户可以自行设计纵向腰带型的目录。

2. 全图型目录页

全图型目录页和全图型封面一样，对图片的要求很高，如像素等，同时图片与文本排版要合理。制作全图型目录页时，经常需要搭配形状使用，如下图所示。在使用色块突出文本的时候，在文本框的四周需要留出留白，色块的位置取决于图片。

3. 半图型目录页

设计半图型目录页时，图片的位置可以在页面的任意位置，如页面左侧、右侧、上方、下方。用户可参照半图型封面的制作方法，此处不再赘述。

4. 利用线条制作目录页

在制作目录页时，用户可以使用线条作为视觉引导制作目录页。右图为使用线条对各部分进行页面划分，观众可以清晰地看到各区域的内容，不会产生混乱。

5. 利用色块制作目录页

在制作目录时，可以通过简单的色块或者复杂的色块美化页面。下图为使用矩形将页面分为4等分，并使用同一色系的颜色从左到右、由浅入深的渐变效果。

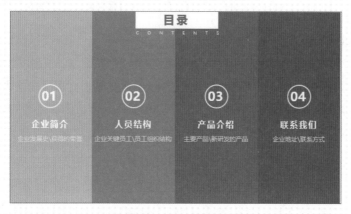

6. 利用数字制作目录页

除了使用图片和图形制作目录页外，还可以使用数字制作，主要是将数字放大。下图将数字放大，然后在下方添加圆形以表现出数字的主体地位。

7. 利用图标制作目录页

图标在PPT中也是比较常用的元素，通过辨识度很高的图标可以快速表示相关信息。在使用图标时一定要使用相同类型的，如线条、色块等。下图为使用图标展示目录中各部分的含义的效果。

教你制作完整
的演示文稿

企业宣传演示文稿转场页的设计

演示文稿制作主体制作完成后，还需在每章节之间增加转场页。转场页是经常被设计者遗忘的幻灯片，但是它的作用是非同小可的。厉厉哥发现制作的企业宣传演示文稿需要添加转场页，而小蔡PPT制作现在也越来越拿手，转场页制作的任务非小蔡莫属啦。厉厉哥吩咐小蔡在制作转场页的页面时，在保证页面美观的同时，不需要太华丽，但是一定要突出转场时的重点内容。

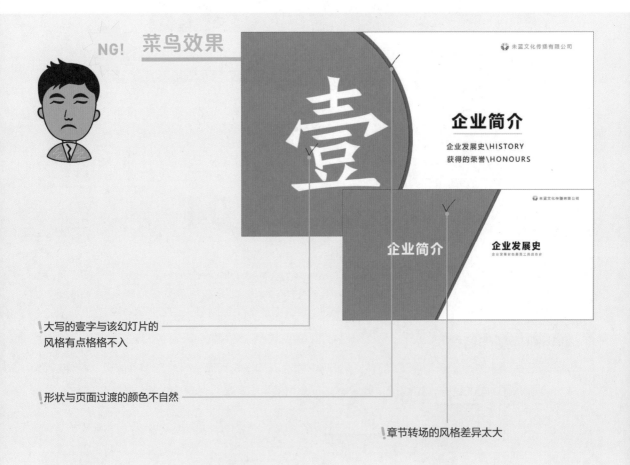

NG! 菜鸟效果

大写的壹字与该幻灯片的
风格有点格格不入

形状与页面过渡的颜色不自然

章节转场的风格差异太大

小蔡制作的章节转场页，整体风格有差异，显得不像是一个整体；章转场页的序号用大写的壹字表示时，风格差异太大，这种大写壹的效果比较适合中国风的PPT而不适合商务PPT；形状和页面的过渡颜色对比太强烈、刺眼，使人感觉不适。

MISSION!
3

PPT转场页是在目录页基础上进行提取的，主要是对PPT演示中标题的一个强调，其次是告诉观众需要讲哪几点内容。通过转场页的设计可以提示观众演示到哪个部分，还可以提示观众从上一内容跳转到下一内容。转场面的设计相对简单，主要突出文本内容，其他的修饰可以适当设计简单点，以免观众的视线被吸引转移到无关的信息上。

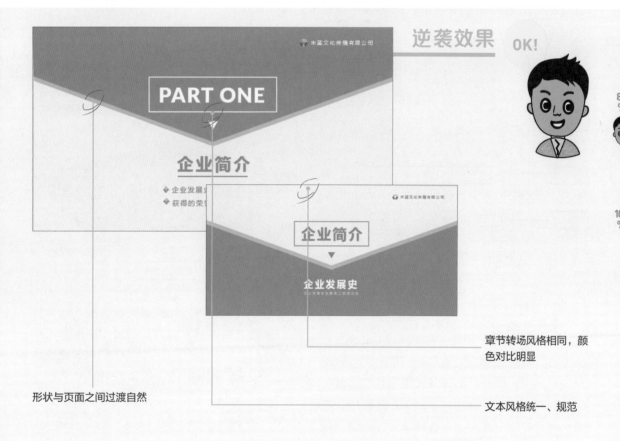

逆袭效果 OK!

章节转场风格相同，颜色对比明显

形状与页面之间过渡自然

文本风格统一、规范

小蔡重新修改章节的转场页，采用与演示文稿相似的斜切风格，将过渡颜色修改成同色系中的浅颜色；使用英文表示序号，使转场页中文本风格统一；添加引导元素，使两个转场页的风格过渡自然。

Point 1 制作章转场页的背景

本案例中包含两种转场页，首先介绍第一种也就是章转场页。因为本案例整体是以斜切页面的风格，所以转场页也要应用该风格。下面介绍具体的操作方法。

1

新建空白幻灯片，并设置幻灯片背景为浅灰色。切换至"插入"选项卡，单击"插图"选项组中"形状"下三角按钮，在列表中选择"五边形"形状。

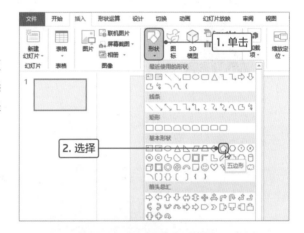

2

在页面中绘制和页面宽度一样的五边形，五边形的高为页面高度一半和2/3之间的位置。

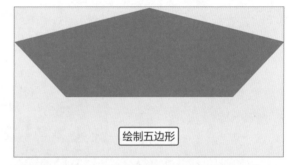

3

选择插入的五边形形状，切换至"绘图工具-格式"选项卡，单击"排列"选项组中"旋转"下三角按钮，在列表中选择"垂直翻转"选项。然后右击五边形，在快捷菜单中选择"编辑顶点"命令。

Tips **添加形状编辑的顶点**

本案例通过编辑形状的顶点来改变形状的外观，顶点只有在转角处才有，如果需要调整形状边的外观，而边上没有顶点，该怎么办呢？这时我们可以直接将光标定位在需要添加顶点的边上，然后右击，在快捷菜单中选择"添加顶点"命令即可。

10
%

4

将五边形上边的两个顶点拖曳到页面上边的两
侧，然后调整两边的控制点，适当缩小两边的
长度并保持与页面两边重合。

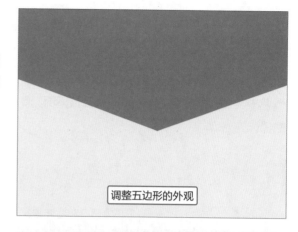

调整五边形的外观

50
%

5

复制一个五边形，分别填充不同的颜色，将位
于底层的五边向下移动。最后再设置两个五边
形的对齐方式。

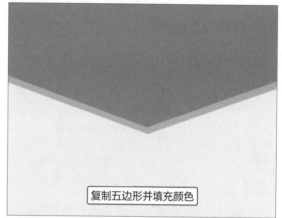

复制五边形并填充颜色

80
%

100
%

6

至此，章转场页背景制作完成，在页面右上角
添加企业Logo和企业的名称后，查看效果。

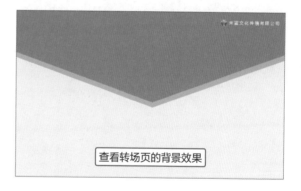

查看转场页的背景效果

Tips　**通过表格进行定位**

在幻灯片中如果不能准确地定位某形状时，可以通过表
格进行确定。如本案例需要绘制五边形，其高度是页面
高度的一半到2/3位置之间，即在页面中插入3×3的表
格，并充满页面，这样就方便绘制形状了。

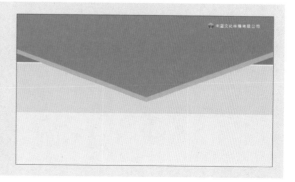

Point 2 添加文字和修饰形状

章转场页背景制作完成后，接着需要输入文字以表示接下来要介绍的内容。一般情况下文本包括序号和标题两方面，也可以添加总结性的一句话。下面介绍具体的操作方法。

1

在页面的上方输入第一部分的英文，此处需要注意所有的英文字母均为大写。然后设置文本的格式，并水平居中显示。

2

在页面的下方输入第一部分文本，包括章的标题和节的标题。设置各文本的格式，其章标题比节标题大。本转场页主要是突出章标题，所以设置章标题为加粗、颜色为水绿色。

3

该转场页的文本内容设置输入完成后，可见在页面上部分文本和下部分文本在两个区域，显得比较分散。接着，在上部分文本的下面绘制等腰三角形形状，设置填充颜色为白色。最后对该形状进行垂直翻转，使其向下指向，起到引导观众视线的目的。

4

此时页面上部分还是显得比较单调，我们可以通过添加线条对文本进行修饰。首先绘制一个比文本稍大点的矩形，设置无填充、边框为白色，再适当设置边框的宽度。

5

上部分文本制作完成后，再设置下部分文本效果。章标题和节标题之间距离太大，可以添加一条线段进行过渡。线段的颜色和上方色块颜色一致。

6

然后在节标题左侧绘制菱形，并填充和上方下层色块一致的颜色。复制一份菱形并放在另一个节标题左侧，最后再设置各元素的对齐方式并查看效果。

Tips　转场页设计思路

本案例以斜切的方式划分页面，本转场页没有继承封面和目录横向斜切的方式，而采用左右斜切两次的方式。其风格没有改变，而且避免整个演示文稿同一斜切方式导致单调、没有创新的效果。如果将转场页换为右侧方式，观众是不是觉得很无趣。

Point **3** 节转场页的设计

章转场页设计完成，节转场页要和章转场页保持风格一致，则直接更改文本内容，然后设置上方五边形的填充颜色以及页面的背景色即可。下面介绍具体的操作方法。

1

复制一份章转场页，设置页面的背景颜色与上方五边形的填充颜色一致。

2

选择上方五边形，在"形状样式"选项组中设置填充颜色为浅灰色。

3

将上方文本修改为章名称并设置颜色为页面背景色，再为上方矩形和三角形设置边框颜色和填充颜色。将下节名称和线条删除，然后输入第一节的名称，并设置颜色为白色，在下方输入一句话。最后对企业名称的颜色进行设置。

Tips 页面排版的原则

《写给大家看的设计书》一书的作者美国罗宾·威廉姆斯在书中提出设计的原理为"亲密性、对齐、重复、对比"。对于PPT的页面排版也相当适合。亲密性就是将相互之间存在逻辑关系的元素放在一起，而不是孤立的；对齐是指在幻灯片中将亲密性的元素进行对齐处理，可以依照参考线或者对齐命令；对比主要是突出不一样的元素，如设置字体的大小和颜色以形成对比，也可以通过图形的大小和形状的差异形成对比；重复就是要统一元素，通过重复使用图片、字体、配色等，使PPT风格统一、整齐有序，重复还可以使用观众直观地了解演示文稿的内容，从而营造出良好的视觉效果。

转场页的其他设计

　　在设计转场页时，用户可以参考封面和目录页的制作，如使用线条、形状、色块以及图片等制作幻灯片。下面介绍通过设置序号制作转场页的案例。

1. 放大数字序号

　　将序号数字放大至突破版面，可以达到富有冲击力的视觉效果。其中文字占主要页面，用户也可以更改字体的颜色、位置，制作出更多精彩的转场页效果，如下图所示。

　　下图为使用汉字表示序号，此时很适合用在具有中国风的PPT中展示。

　　对于序号数字的设计，还可以制作消失的效果。右图为在黑夜与城市之间制作数据01的消失效果。

教你制作完整
的演示文稿

企业宣传演示文稿结尾页的设计

企业宣传演示文稿制作已经接近尾声，接下就是结尾页的设计了。在阐述结尾页的制作要求方式时，小蔡和同事在设计上发生了分歧，同事认为PPT结束页不需要太大的变化，简单收尾即可，因为观众不会仔细看该页内容。而小蔡则认为结尾页还是很重要，千篇一律的"谢谢"结束语观众见多了，很容易产生审美疲劳，且难以留下深刻印象。并且结尾页的设计可以加深观众对PPT演讲内容的印象，太过随意的结尾会显得"虎头蛇尾"。厉厉哥肯定了小蔡的想法，决定让小蔡负责制作结尾页，要求制作的结束页要简洁、大方，文本清晰。

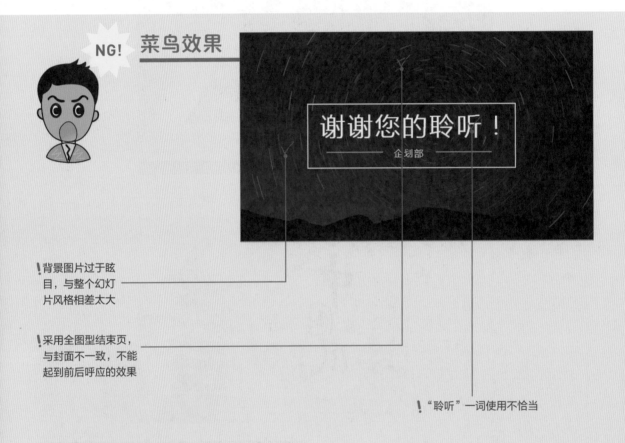

NG! **菜鸟效果**

!背景图片过于眩
目，与整个幻灯
片风格相差太大

!采用全图型结束页，
与封面不一致，不能
起到前后呼应的效果

!"聆听"一词使用不恰当

小蔡想制作震撼的结束页效果，采用星空图片作为背景，但是，这样的背景会让人产生眩晕感觉，且与整个幻灯片风格不一致；采用全图型的结束页与封面风格不一致，不能很好地前后呼应，而且图片风格与正文差异太大；在结束语上使用"聆听"不恰当，该词性是一个敬词，用在演讲结尾表示感谢不合适。

MISSION!

4

PPT的结束页和封面页都有着非常重要的作用，结束页可以让人加深对整个演示文稿的印象。结束页的设计有多种形式，可以简单点、炫酷点或者文艺点，而商务的PPT要突出稳重感。在制作商务性PPT结束页时，可以展示企业的形象、口号或者使用企业某种特殊意义的话语。在制作结尾页时，还需要注意一点，要和封面形成呼应，即设计的风格、色调等要一致。

逆袭效果 OK!

结束语使用合理，并且添加企业标语

图片采取斜切方式，和封面呼应，而且风格统一

图片使用商务人物照片，具有商业气息

小蔡在同事的帮助下重新修改幻灯片的结尾页，首先在版式上采用和封面一致的风格，前后呼应；图片为商务人物，观众在观看PPT时与人物形成目光交流，使观众目光不容易离开PPT；输入合理的感谢语，并且添加企业标语文字，进一步宣传企业文化。

Point **1** 制作结束页的背景

为了与封面相呼应，结束页采用了斜切图片的方式作为背景，其效果与目录页类似。下面介绍具体的操作方法。

1

新建空白幻灯片，并设置幻灯片背景为浅灰色。切换至"开始"选项卡，单击"幻灯片"选项组中"新建幻灯片"下三角按钮，在列表中选择"自定义版式"选项。

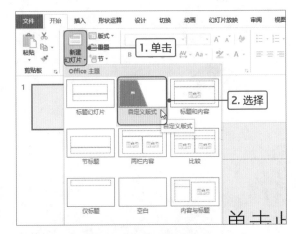

2

然后删除图片占位符，在页面中绘制和页面高度一样的梯形。

如果在图片占位符中插入图片，其效果很不理想，所以采用通过形状和图片相交运算的方法设置图片效果。

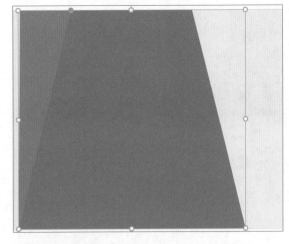

3

根据之前所学的调整顶点的方法，将梯形调整为水绿色的梯形形状。

切换至"插入"选项卡，单击"图像"选项组中"图片"按钮。在打开的"插入图片"对话框中选择合适的图片，单击"插入"按钮。

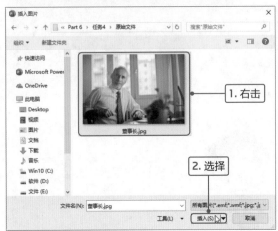

4

将图片移至梯形形状下方，并设置梯形形状的透明度为40%。这样用户可以很明显地看到图片在梯形中的位置，调整图片的大小和位置，使梯形内显示想要的部分。

5

选择图片，按住Shift键再选择梯形形状，切换至"形状运算"选项卡，单击"相交"按钮。

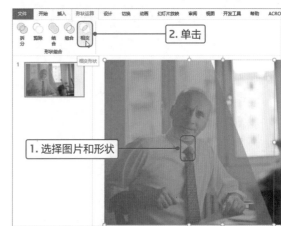

6

此时图片只显示与梯形形状相交的部分。至此，结束页的背景设计完成。

Tips　统一图片的风格

在制作演示文稿时，可能会使用多张图片，但一定要保证图片的风格统一。图片由于来源不同，难免风格会有差异，那么如何将图片风格统一呢？我们可以添加形状蒙版来统一，如亮度比较高的图片，添加黑色蒙版并设置透明度适当降低亮度。

除了改变图片亮度外，还可以调整图片的颜色，将图片统一处理成灰白，与主题呼应，再通过添加蒙版处理，放置文本内容。

Point 2 设计结束语

本演示文稿为企业宣传片，在结束页除了表示对观众的感谢外，还可以添加一些可以展现企业积极向上的品牌形象的文字，因此还需要输入相关的内容。下面介绍具体的操作方法。

1

在页面右侧输入"感谢您的观看"文本，在"字体"选项组中设置字体、字号和颜色，并加粗显示。字体的颜色要与主色一致。

2

然后再输入展示企业形象的标语，然后将字号设置为24、字体颜色为灰色，再设置合适的字符间距。

3

最后在页面的右下角输入落款，即组织该活动的部门或人名。缩小字号，设置字体颜色为灰色。最后适当调整文本框的位置，使其更亲密，最后将所有文本框选中设置右对齐。

Point 3 添加修饰性的元素

制作结束页时，页面不需要过于华丽，因为本页演示文稿主要是商务用途，所以在修饰页面时只需要添加简单的形状，起到连接和引导作用即可。下面介绍具体的操作方法。

1

结束页制作完成后，我们发现页面右侧感谢语和落款之间的距离有点大。此时，可以在中间绘制一条短线段进行过渡。

2

在"形状样式"选项组中设置线段的颜色和粗细。这里需要注意其颜色和主色一致，其宽度要小于感谢语文字中横线的宽度，否则就喧宾夺主了。

3

页面的右上角有点空，可以在该位置添加企业Logo图片和企业名称。设置文本的颜色为主色。至此，结束页制作完成。

 Tips **引导线的位置设计**

在制作演示文稿时，引导线和其他修饰元素是必不可少的，如本案例中的引导线。引导线的位置也是有讲究的，要离主标题近些。当用户不知道该放在什么位置时，将其放在两元素之间的1/3的位置，并且接近主标题即可。

结尾页的其他设计

在设计不同风格、不同用途的PPT时，其结束页也是不同的。最常见的结束语是致谢的。除此之外，还可以是阐述观点、描述信息、推广广告等。下面展示不同风格和用途结束页设计的案例效果，供用户欣赏、学习。

1. 致谢

在结尾页表达最多就是致谢，如本案例中的结尾页也是如此。在设计结尾页致谢语时，可以配合不同的元素，如图片、形状等。下图在设计结尾页时，使用的图片和圆形形状风格，属于商务PPT应用。

2. 使用标语

在结尾页为了突出企业的形象或者企业宗旨，可以输入相关标语或者金句。如小米新品发布会上，经常使用品牌标语作为结束页。下图使用企业的口号标语作为结束页用语，再搭配朝阳的背景图片，很能突出企业的雄心志愿。

3. 描述信息

在进行幻灯片演讲过程中，结尾页的停留时间比较长，所以可以在结束页添加企业推广，如放置一些企业的联系方式或二维码等。下面展示两种描述信息的结尾页设计，一种是通过形状进行设计，一种是通过图片进行设计。

4. 总结结论

对于培训型的PPT，在结尾页可以对所培训的内容进行总结，帮助观众更系统地学习培训的内容。我们可以通过设置思维导图、SmartArt图形或者形状进行总结。

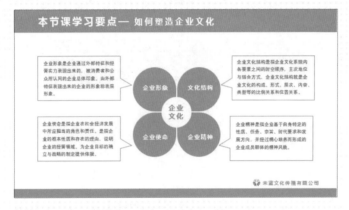

5. 强调观点

在结束页中还可以将本次演讲的观点再次强调，以加深观众的印象。下图通过人物站在高处瞭望远方的图片，展示观点：只要不放弃，勇于拼搏，最终都会成功。

6. 插入广告

如果企业想招聘人才、寻求合作或者推广某产品，可以在结尾页展示相关内容。此处不再展示案例，用户可以根据之前案例自行制作。

制作演示文稿的思路

演示文稿的制作并不是一蹴而就的事情，需要素材的积累、不断地学习和练习。下面将介绍制作PPT时需要注意的几个问题，相信用户通过这些知识的学习加上不断的练习，一定能制作出一份很不错的PPT。

1. 版面

首先需要设置PPT的版面大小，在此建议使用16:9的比例。因为现在大多数投影仪和屏幕都是这个尺寸。如果是老式的设备，则应当设置版面为4:3的尺寸。

PowerPoint 2019的默认版面大小为16:9，如果需要设置其他版面大小，则切换至"设计"选项卡，单击"自定义"选项组中"幻灯片大小"下三角按钮，在列表中选择"宽度（16:9）"选项即可，如下图所示。

2. 整理文案建立框架

在开始制作PPT之前，需要整理需要演示的相关内容并建立内容框架。首先将PPT所有的文案内容进行整理，并分页显示，以方便制作PPT中幻灯片的内容。然后用户可以将内容绘制成思维导图或草图，以梳理PPT的逻辑结构，避免内容出错或遗漏。

3. 配色

幻灯片是一种视觉艺术，所以配色对于幻灯片的设计至关重要。在制作商务PPT时，要尽量使用企业VI系统的颜色，但最好不要超过3种。如果企业没有VI系统，可以采用企业Logo的颜色。如果也没有Logo，则尽量选择行业的配色，用户可以参考目录页设计中介绍的行业配色原则。

在单张幻灯片中如果使用图片，为了该幻灯片配色一致，我们可以提取图片中颜色。例如，为矩形形状填充图片中颜色，选中矩形，单击"形状样式"选项组中"形状填充"下三角按钮，在列表中选择"取色器"选项。此时光标变为吸管形状，在图片中移动，光标右上方显示吸取的颜色并显示色号，单击即可完成矩形的填充，如下左图所示。

4. 选择字体

通常来说，一个幻灯片最好使用一种字体，最多不超过2种，封面除外。按照西方国家的字母体系，可以将字体分为两类：衬线字体和非衬线字体。衬线字体在开始和结束的地方有额外的修饰，如果从远处看横线会被弱化，从而识别性会下降，所以通常不使该类型字体。非衬线字体没有额外的修饰，其笔画粗细都差不多，从远处看不会被弱化，所以通过使用该类字体。非衬线字体主要有微软雅黑、思源黑体和方正兰亭黑体等，衬线字体的主要代表是宋体。下右图比较两种字体不同大小的显示效果。

5. 选择图片

现在图片的应用非常广泛，在PPT中使用高质量的图片后，效果立马高大上了。在选择图片时，一定要选择与内容相关的、高清的图片，一定不能使用带水印、模糊的图片。对于初学者来说选择图片的途径很单一，只有百度等国内常用的搜索引擎，并且很多有版权或者水印图片。可以试试国外一些图片网站，图片的质量和效果非常不错，而且很多都是无版权的，如Pixabay、hippopx、pexel、unsplash等。

6. 整体统一

PPT虽然包含多个幻灯片，但它是一个整体，所以每一页幻灯片的风格一定要统一。那么要统一哪些元素呢？要如何统一呢？首先需要统一的元素有字体、形状、图片、配色等，配色统一就是主色要重复使用，图片的风格需要统一。用户先统一各种元素，并重复使用这些元素，那么制作的PPT一定是统一的。下图为中国风的PPT，整体看各元素都很统一。

7. 常用的操作

无论是新手还是PPT达人，在制作演示文稿时都有使用最频繁的操作，如使用蒙版处理图片、形状的运算、对齐工具等。在之前内容里都介绍过，这些工具的应用读者在业余时间一定要经常练习。

读书笔记

你不知道的动画
和幻灯片放映设置

学习了幻灯片和整套演示文稿的设计方法后，为了更好地将演示文稿内容展示给观众，我们可以在幻灯片中添加动画，并对放映方式进行设置。在演示文稿中添加的动画主要有页面动画和切换动画。页面动画是幻灯片内部的动画，如进入、强调或退出动画；切换动画是幻灯片之间的动画。放映幻灯片时，为了更好地掌控演讲，可以提前排练计时。下面主要通过两个案例介绍幻灯片动画和放映幻灯片的相关知识。

在企业宣传演示文稿中

添加动画效果

→ P.274

播放企业宣传演示文稿

→ P.284

在企业宣传演示文稿中添加动画效果

企业宣传PPT制作完成后，为了能够突出幻灯片中重点内容以及引导观众浏览顺序，厉厉哥决定为PPT添加必要的动画效果。小蔡对使用PPT进行演示文稿设计已经得心应手了，这样的重任自然由他来完成。厉厉哥吩咐小蔡动画效果一定要慎用，能够为幻灯片的内容服务即可。小蔡领到任务后，马上大干起来，决定制作出不一样的PPT效果。

NG! 菜鸟效果

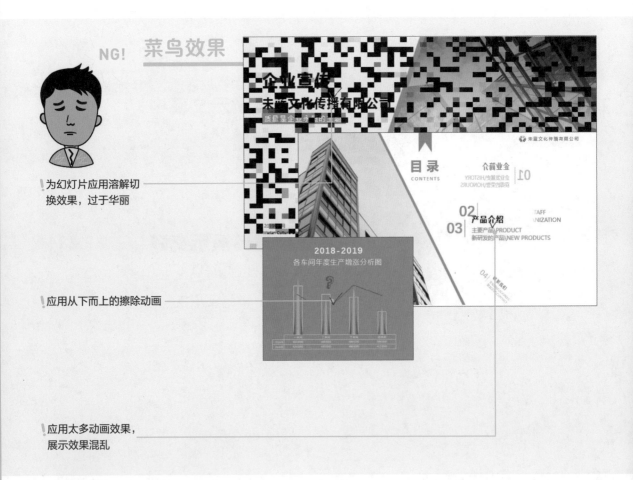

为幻灯片应用溶解切换效果，过于华丽

应用从下而上的擦除动画

应用太多动画效果，展示效果混乱

小蔡在为幻灯添加动画效果时，同一幻灯片应用太多的动画，如目录页为4部分文字应用4种效果，显示很乱；在展示图表的走向趋势时，应用从下而上的擦除动画，体现不出线条的趋势；为幻灯应用溶解的切换效果，使切换过程过于复杂，而且矩形过于密集，让观众感觉不舒服。

MISSION!

1

在PowerPoint中包括两种动画类型，一种是对幻灯片内各元素应用的动画，另一种是对幻灯片之间应用的动画。本案例是企业宣传片，观众看PPT的时间有限，所以不太提倡使用过多以及太炫丽的动画效果。使用动画主要是突出内容的逻辑和重点，动画效果也要符合人们观看的正常逻辑，否则制作的动画五花八门，影响PPT的展示效果。

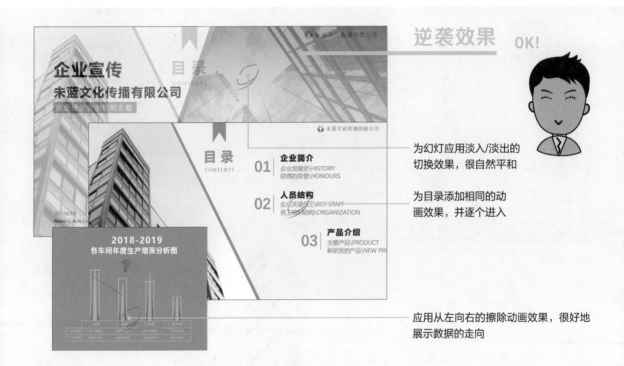

逆袭效果　OK!

为幻灯应用淡入/淡出的切换效果，很自然平和

为目录添加相同的动画效果，并逐个进入

应用从左向右的擦除动画效果，很好地展示数据的走向

小蔡通过指点，对PPT中的动画进行修改，将目录页的文本应用进入动画效果，并且逐个进入显得有条理；展示图表时，从左向右显示符合人们观看的顺序，也能很好地展示线条的趋势；为幻灯片应用淡入淡出的切换效果，切换很自然、平和。

Point 1 设置目录页的动画

在为目录页设置动画时，将各部分的目录内容逐个按顺序进入页面，通过动画引导观众了解PPT的整体结构。下面介绍设置目录页动画的具体操作方法。

1

打开"企业宣传片.pptx"演示文稿，选中目录页幻灯片。选中目录内容，切换至"动画"选项卡，单击"动画"选项组中"其他"按钮，在列表中选择"飞入"动画效果。

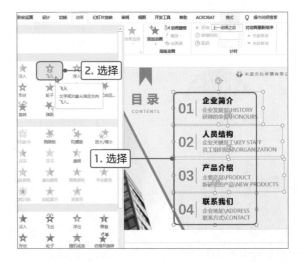

2

选择完成后，可见选中的目录内容，由下而上飞入页面。单击"动画"选项组中"效果选项"下三角按钮，在下拉列表中选择"向右侧"选项。

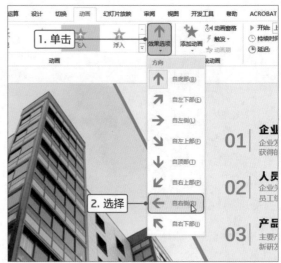

3

设置完成后，可见目录内容由页面右侧向左进入，而且进入的速度有点快。
设置从右侧进入的理由是目录内容靠右侧，进入时不会穿过大面积页面。

4

单击"高级动画"选项组中"动画窗格"按钮，打开"动画窗格"导航窗格，显示各部分动画。选择所有动画，在"计时"选项组中设置"持续时间"为1：50秒。可见各部门同时进入页面的速度要慢得多。

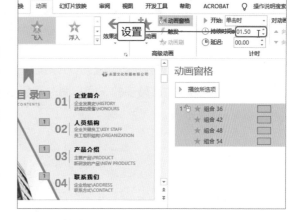

5

选择除第一个动画外的所有动画，单击右侧下三角按钮，在列表中选择"从上一项之后开始"选项。

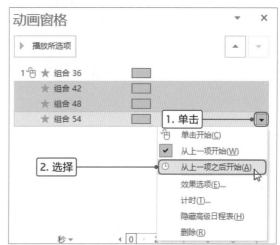

6

可见选中的动画时间均向后推迟，在上一动画之后。

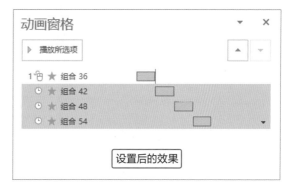

7

设置完成后，单击"动画窗格"导航窗格中"播放自"按钮，查看目录内容逐个进入页面的效果。

Point 2 为图表设置动画

图表是演示文稿中很重要的元素，它可以直观地展示数据的特性。本案例需要通过动画突出2019年生产最多的车间，同时需要为折线添加数据的走向动画。下面介绍具体的操作方法。

1

因为无法为图表中元素单独应用动画，所以需要绘制线段和三角形形状，然后清除图表中的折线。三角形和最高数据系列高度、宽度都一样，移动三角形形状，使其完全覆盖住数据系列。

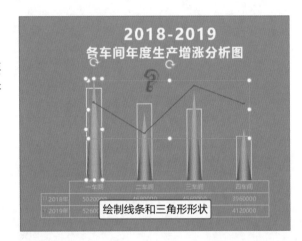

2

选择图表和三角形形状，切换至"动画"选项卡中，单击"动画"选项组中"其他"按钮，在列表中选择"擦除"动画效果。

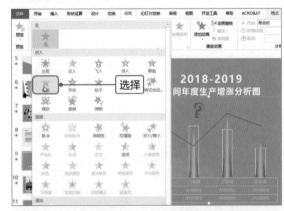

3

可见图表和三角形形状同时执行擦除动画，自下而上显示内容，好像是图表拔地而起的效果，但运行的速度还是有点快。

4

单击"动画"选项组中"效果选项"下三角按钮，在列表中选择"自左侧"选项。可见图表和三角形形状从左侧到右侧显示，符合人们看数据的顺序。

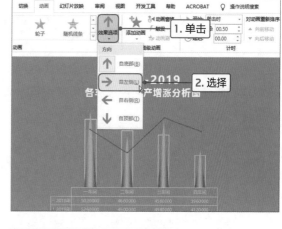

5

此外，还需要对最高的数据系列进行强调，选中三角形形状，单击"高级动画"选项组中"添加动画"下三角按钮，在列表中选择"彩色脉冲"效果。当图表和三角形显示完全后，三角形运行强调动画，突出该数据。

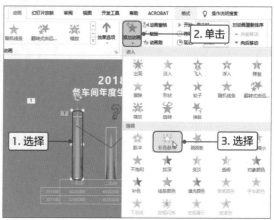

6

再选择线条形状，为其应用"擦除"动画效果，然后在"效果选项"列表中选择"自左侧"选项。该线条也是从左侧向右侧显示。

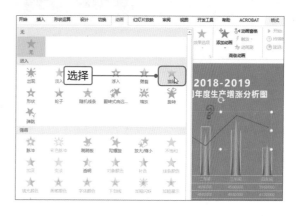

7

打开"动画窗格"导航窗格，设置线条的持续时间为2秒，其他动画为1秒。最后设置第3和第4个动画为从上一项动画之后开始播放。

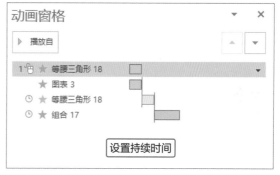

Point 3 为幻灯片设置切换动画

切换动画是幻灯片之间的动画。在设置切换动画时，不宜太华丽和炫酷，否则会将观众的注意力带走。本案例为幻灯片设置淡入、淡出的切换动画，下面介绍具体操作方法。

1

切换至"切换"选项卡，单击"切换至此幻灯片"选项组中"其他"按钮，在列表中选择"淡入/淡出"效果。

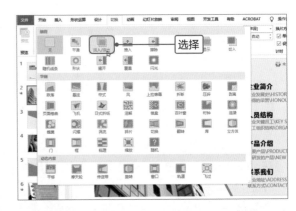

2

在"计算"选项组中设置"持续时间"为0.7秒，然后单击"应用到全部"按钮。即可为演示文稿中所有幻灯片应用该切换效果。

3

放映演示文稿，查看幻灯片之间应用淡入和淡出的切换效果。在短时间内可以看到透过当前幻灯片看到下方幻灯片的效果。至此，本案例制作完成。

 Tips　切换动画的类型

单击"切换至此幻灯片"选项组中"其他"按钮后，在列表中显示所有切换动画，包括"细微"、"华丽"和"动态内容"3种。

华丽动画的应用

在制作PPT时，我们不提倡使用过多的华丽动画效果，并不是说华丽的动画就一无是处。首先我们应当明白动画是为内容服务的，而不是为了动画而添加动画，华丽的动画应用合理可以展现出惊人效果。下面我们将介绍平滑动画、压碎的切换动画、路径动画和退出动画的效果应用。

1. 平滑动画

平滑动画是PowerPoint 2016新增的功能，是幻灯片之间的切换动画。默认情况下，只有同一类型的形状之间才可以实现平滑切换效果，比如圆形和圆形之间、矩形和矩形之间等等，通过更改第二页形状的大小、位置、填充颜色，可以实现页面间的平滑过渡。将绿色小正方形平滑到大的橙色正方形，过程如下图所示。

不同类型的形状之间，比如三角形和五角星，如果直接添加平滑切换动画，则只能显示为淡入效果，没有平滑过渡的变化。那么，如何设置不同类型形状之间的平滑切换呢？我们可以将不同类型的形状转换为任意多边形，然后再实现平滑切换。

首先，新建两张空白幻灯片，设置背景颜色为黑色，在第一张幻灯片左下方绘制月牙形状，并填充白色，设置无轮廓，如下左图所示。在第一张幻灯片中绘制任意形状，如矩形，先选择月牙形状再选择矩形，切换至"绘图工具-格式"选项卡，单击"插入形状"选项组中"合并形状"下三角按钮，在列表中选择"拆分"选项，如下右图所示。

 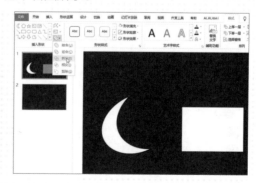

执行拆分后，将矩形删除。切换至第二张幻灯片，在右上角绘制一个大点正圆形，并设置填充橙色和无轮廓，如下左图所示。根据相同的方法再绘制一个形状，如五边形，并进行拆分操作后，再删除五边形。打开"选项"窗格，可见形状显示为"任意多边形"文本，如下右图所示。

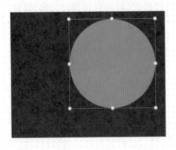

选择第二张幻灯片，切换至"切换"选项卡，在"切换到此幻灯片"选项组中应用"平滑"动画效果。可见月牙形状慢慢变成橙色的正圆形状，过程如下图所示。

2. 压碎动画

压碎动画效果通常情况下是慎用的，因为将上张幻灯片揉捏成一团，就像是我们将废纸丢掉一样。但是在特定的情况下使用该动画可以制作出震撼的效果。下图第一张幻灯片介绍人生的苦恼，第二张幻灯片意为抛弃苦恼，怀着希望和光明勇敢地奔跑，此时应用压碎动画，可以展现出抛弃苦恼的效果。

使用压碎动画展示这两页幻灯片，要比任何切换动画都更能直接展示抛弃的过程，使观众更好地融入PPT的演讲内容中。

3.页面动画的应用

页内动画包括进入、强调、退出和路径动画，要制作出炫酷的动画效果，往往需要多种动画效果结合使用。下面介绍一组将四个小圆由大圆位置移动到页面右侧，同时大圆消失过程的动画。该页幻灯片的原始效果如下图所示。

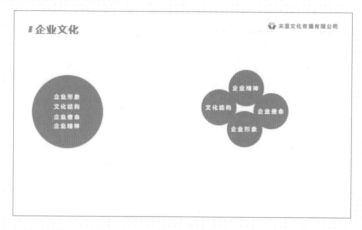

首先将小圆和大圆选中，设置对齐方式，使5个圆形的圆心在一起。再选择大圆，为其添加放大缩小的强调动画。单击"效果选项"下三角按钮，在列表中选择"微小"选项，将大圆设置为缩小的动画。其次需要设置大圆逐渐消失的动画，所以为其添加退出动画中的消失动画。设置消失动画时间为2秒，和缩小动画时间一致，设置从上一项开始，如下右图所示。

然后分别为4个小圆添加路径动画，使其运动到指定位置，然后添加放大动画，设置所有动画时间为2秒，播放方式均为从上一项开始，运动过程如下图所示。大圆逐渐消失，4个小圆同时从大圆下侧移动到指定的位置的过程。

播放企业宣传演示文稿

经过全部门员工的共同努力，企业宣传演示文稿制作完成，效果还是很令人满意的，接下来需要为演示文稿放映作准备。厉厉哥希望小蔡能对每张幻灯片的放映时间进行设置，使每张幻灯片的放映时间与演讲时间同步，这样厉厉哥在会议上专心演讲，介绍企业的宣传内容。为了防止一些重要内容在演讲时遗露，厉厉哥要求将这些问题在幻灯片中添加备注。小蔡接受任务之后，开始工作起来。

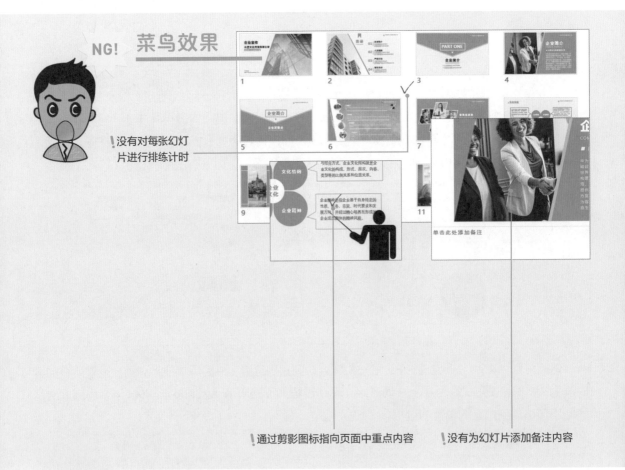

NG! 菜鸟效果

没有对每张幻灯片进行排练计时

通过剪影图标指向页面中重点内容

没有为幻灯片添加备注内容

小蔡在整理企业宣传演示文稿时，为没有对幻灯片进行计时，无法很好地控制演讲的时间；在需要介绍多信息的幻灯片，也没有添加备注内容，使演讲者演讲时压力很大；在需要标注的地方使用剪影图标进行标注，效果不是很突出。

MISSION! 2

演示文稿制作完成后，终于可以和观众见面了，但是为了更好地把控放映和演讲的时间，可以先进行排练，以免出现问题。我们可以通过"排练计时"功能，合理地安排每张幻灯片放映时间，也能统计出需要演讲的时间，这对于一个演讲者来说是很重要的。还可以为幻灯片添加备注内容，这样在演讲时不会出现忘词或者介绍不全的问题。最后在放映时可以适当对重点内容进行标注，以引起观众的注意。

逆袭效果 OK!

为幻灯片添加备注内容，在放映时，可以查看内容

通过荧光笔清晰标注重点内容　　　为幻灯片进行演练计时，可以很好地掌控演讲时间

经过指点，小蔡进一步修改演示文稿，首先使用"排练计时"功能为每张幻灯片计时，很好地掌控时间；然后在幻灯片中添加备注内容，在演讲时，演讲者可以轻松介绍信息；最后通荧光笔的使用，可以标注重点内容。

Point **1** 添加备注内容

在放映演示文稿时，页面中展示的信息是有限的，还有很多信息需要通过演讲者介绍。那么这些信息如何有条理地介绍呢？下面介绍具体的操作方法。

1

打开演示文稿，切换至需要添加备注的幻灯片。切换至"视图"选项卡，单击"显示"选项组中"备注"按钮。

2

即可在页面下方显示备注框，将光标移到文本框上方边框时，按住鼠标左键向上拖曳可以调整备注框的大小。在该文本框中单击，即可输入备注内容。

显示备注框

3

用户也可以单击"演示文稿视图"选项组中"备注页"按钮，进入备注面视图，然后在备注框内输入相关内容即可。

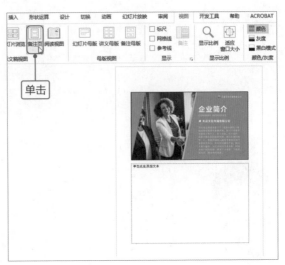

单击

4

接着介绍如何查看备注内容。在放映幻灯片时右击，在快捷菜单中选择"显示演示者视图"命令。

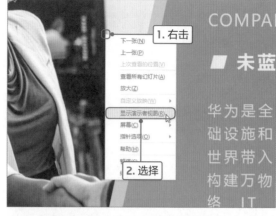

5

即可切换至演示者视图，在页面中可以查看当前页幻灯片以及备注内容。在右上角显示下一页幻灯片的内容。

演示者视图效果

6

在放映时，如果演讲者想让观众听自己的介绍，不想让观众停留在演示文稿上时，可以设置成黑幕。右击，在快捷菜单中选择"屏幕>黑屏"命令。

Tips **设置放映幻灯片的方式**

在"幻灯片放映"选项卡的"开始放映幻灯片"选项组中单击相关按钮，如"从头开始"、"从当前幻灯片开始"、"自定义幻灯片放映"等按钮，来放映幻灯片。通过"自定义幻灯片放映"功能，可以设置需要放映的幻灯片数量。

从头开始　从当前幻灯片开始　联机演示　自定义幻灯片放映

开始放映幻灯片

Point 2 统计演示文稿放映时间

演讲时间对于演讲者而言是非常重要的，那么如何才能掌握放映演示文稿的时间呢？通过"排练计时"功能，我们不但可以控制每张幻灯片的放映时间，还可以统计出所有的时间。

1

打开需要计时的演示文稿，切换至"幻灯片放映"选项卡，单击"设置"选项组中"排练计时"按钮。

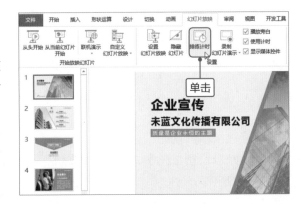

2

即可从第一张幻灯片放映并在左上角显示录制的内容，显示当前幻灯片的时间和演示文稿的时间。

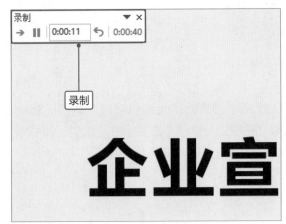

3

计时完成后，结束放映，弹出提示对话框，显示总的计时时间，单击"是"按钮即可保留。

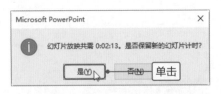

4

切换至"视图"选项卡，单击"演示文稿视图"选项组中"幻灯片浏览"按钮，查看每张幻灯片的放映时间。

Point 3 放映时标记重点内容

演讲者在演示文稿时，若需要对重点内容进行标注，可以能过设置指针样式，然后再标注内容。本案例将使用荧光笔标注重点的词语，下面先介绍具体的操作方法。

1

放映演示文稿时，在页面中右击，在快捷菜单中选择"指针选项>荧光笔"命令。

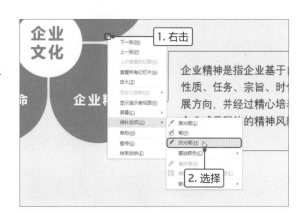

2

光标变为黄色的矩形形状，用户也可以更改荧光笔的颜色。即在页面右击，在快捷菜单中选择"指针选项>墨迹颜色"命令，然后在列表中选择红色选项。

3

此时光标变为红色的矩形形状，在页面中需要标注的位置单击并拖曳，即可标注重点内容。

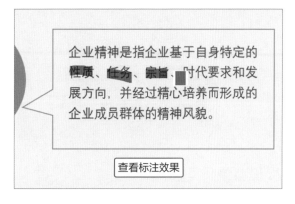

4

结束放映演示文稿时，会弹出提示对话框，如果需要保留标注笔记，单击"保留"按钮，否则单击"放弃"按钮。

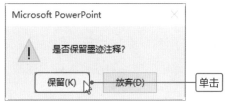

放映演示文稿的其他操作

用户可以根据需要设置放映演示文稿的内容以及放映时进行的其他操作。下面介绍几种常用的演示文稿放映操作。

1. 设置放映的内容

在演讲时，面对的观众不同，演讲的内容也会不同，那么如何设置从演示文稿中放映部分幻灯片呢？下面介绍详细操作方法。

打开演示文稿，切换至"幻灯片放映"选项卡，单击"开始放映幻灯片"选项组中"自定义幻灯片放映"下三角按钮，在列表中选择"自定义放映"选项，如下左图所示。打开"自定义放映"对话框，单击"新建"按钮，如下右图所示。

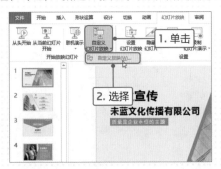 

打开"定义自定义放映"对话框，在"幻灯片放映名称"文本框中输入名称，然后在左侧列表框中勾选需要演示的幻灯片复选框，单击"添加"按钮，如下左图所示。即可将选中幻灯片添加至右侧列表框中，并依次单击"确定"按钮。返回演示文稿中，再次单击"自定义幻灯片放映"下三角按钮，在列表中选择自定义名称，即可放映选中的幻灯片，如下右图所示。

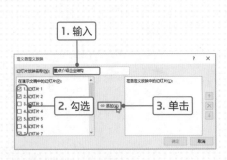 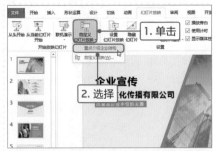

2. 设置放映类型

用户在放映演示文稿时，可以通过3种方式放映，分别为演讲者放映、观众自行浏览和在展台浏览。在放映时，根据不同需要设置即可。

在"幻灯片放映"选项卡中单击"设置"选项组中"设置幻灯片放映"按钮，如下左图所示。打开"设置放映方式"对话框，在"放映类型"选项区域中选择对应的单选按钮即可，如下右图所示。

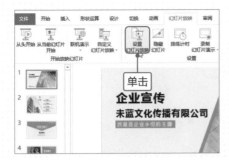

在"设置放映方式"对话框中，用户还可以设置循环放映、绘图笔的颜色、放映哪些幻灯片等操作。

3. 放大幻灯片中某部分

在放映幻灯片时，如果感觉某部分需要重点介绍，或都某部分文本小需要放大处理时，可以通过快捷菜单实现。放映时右击页面，在快捷菜单中选择"放大"命令，如下左图所示。在页面中出现矩形框，将需要放大的内容显示在矩形框内，光标变为 形状并单击，如下右图所示。

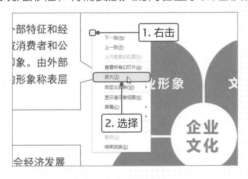

此时矩形框内的内容会全屏显示，内容会放大，如下图所示。如果需要退出放大状态，则直接按Esc键或单击鼠标右键即可。

演示文稿的保存和打印

企业宣传演示文稿制作完成后，我们可以对其执行保存或者打印操作。下面介绍演示文稿保存和打印的相关操作。

1. 对演示文稿进行加密处理

单击"文件"标签，在列表中选择"信息"选项，在右侧区域中单击"保护演示文稿"下三角按钮，在列表中选择"用密码进行加密"选项，如下左图所示。打开"加密文档"对话框，在"密码"数值框中输入123456作为密码，单击"确定"按钮，如下右图所示。

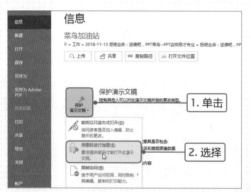
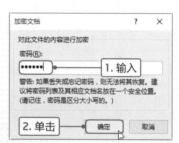

弹出"确认密码"对话框，在"重新输入密码"数值框中输入相同的密码，单击"确定"按钮。然后对演示文稿进行保存，下次再打开该文稿时，弹出"密码"对话框，只有输入正确的密码才能打开该演示文稿，如下图所示。

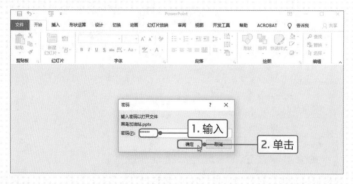

如果需要清除密码保护，则再次打开"加密文档"对话框，清除"密码"数值框中密码，单击"确定"按钮即可。

2. 将幻灯片以图片形式保存

打开演示文稿，执行"文件>导出"操作，在右侧"导出"区域中选择"更改文件类型"选项，在"图片文件类型"选项区域中选择"JPEG文件交换格式"选项，再单击"另存为"按钮，如下左图所示。打开"另存为"对话框，选择保存路径后，单击"保存"按钮，如下右图所示。

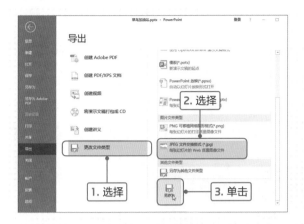

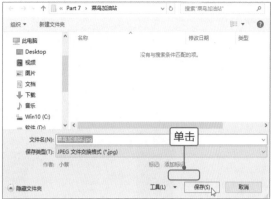

　　弹出提示对话框，如果需要将所有幻灯片导出为图片形式，则单击"所有幻灯片"按钮。如果只需要将当前幻灯片导出为图片，则单击"仅当前幻灯片"按钮，如下左图所示。

　　稍等片刻，会弹出提示对话框，单击"确定"按钮即可。打开保存的文件夹，即可显示将幻灯片保存为图片的效果，如下右图所示。

3. 打印指定的幻灯片

　　打开演示文稿，执行"文件>打印"操作，单击"设置"下方的下三角按钮，在列表中选择"自定义范围"选项，如下左图所示。在下方数值框中输入幻灯片的范围，如下右图所示。

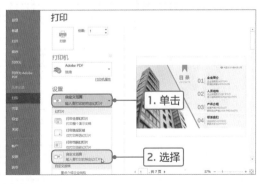

　　设置完成后单击"打印"按钮即可。在设置幻灯片的范围时，每张幻灯片序号之间用

英文状态下逗号隔开，设置某连续范围幻灯片序号时，之间可以使用短横线隔开。

4. 每页打印多张幻灯片

在默认情况下，每张幻灯片打印在一张纸上，用户可以根据需要设置打印幻灯片的数量。在"打印"选项区域中单击"整页幻灯片"下三角按钮，在列表中选择"2张幻灯片"选项，如下左图所示。在右侧打印预览区域，可见每张纸上打印两张幻灯片，如下右图所示。

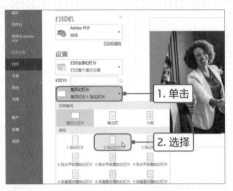 

5. 设置打印的颜色

在"打印"选项区域中单击"颜色"下三角按钮，在列表中包含3种类型，分别为颜色、灰度和纯黑白，如选择"灰度"选项，如下左图所示。在打印预览区域中可见彩色幻灯片显示为灰度效果，如下右图所示。

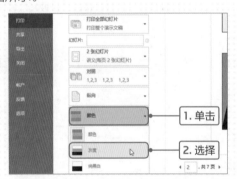 

6. 打印备注内容

在"打印"选项区域中单击"整页幻灯片"下三角按钮，在列表中选择"备注页"选项，则在打印预览区域中显示幻灯片和备注内容同时打印，如右图所示。

附录　PPT快捷键

PowerPoint常用快捷键

快捷键	含义	快捷键	含义
Ctrl+A	选择全部对象或幻灯片	Ctrl+M	插入新幻灯片
Ctrl+B	添加/删除文本加粗	Ctrl+N	生成新PPT文件
Ctrl+C	复制	Ctrl+O	打开PPT文件
Ctrl+D	生成对象或幻灯片副本	Ctrl+P	打开"打印"对话框
Ctrl+E	段落居中对齐	Ctrl+Q	关闭程序
Ctrl+F	打开"查找"对话框	Ctrl+R	段落右对齐
Ctrl+G	打开"网格参考线"对话框	Ctrl+S	保存当前文件
Ctrl+H	打开"替换"对话框	Ctrl+T	打开"文字"对话框
Ctrl+I	添加/删除文本倾斜	Ctrl+U	添加/删除文本下划线
Ctrl+J	段落两端对齐	Ctrl+V	粘贴
Ctrl+K	插入超链接	Ctrl+W	关闭当前文件
Ctrl+L	段落左对齐	Ctrl+X	剪切
Ctrl+Y	重复最后操作	Ctrl+Z	撤销操作

Ctrl组合键

快捷键	含义	快捷键	含义
Ctrl+F4	关闭程序	Ctrl+Shift+F	插入新幻灯片
Ctrl+F5	还原当前演示窗口大小	Ctrl+Shift+P	生成新PPT文件
Ctrl+F6	移动到下一个窗口	Ctrl+Shift+G	打开PPT文件
Ctrl+F9	最小化当前演示文件窗口	Ctrl+Shift+H	打开"打印"对话框
Ctrl+F10	最大化当前演示文件窗口	Ctrl+]	关闭程序
Ctrl+Shift+C	复制对象格式	Ctrl+[	段落右对齐
Ctrl+Shift+V	粘贴对象格式		

Alt组合键

快捷键	含义	快捷键	含义
Alt+F5	还原PPT程序窗口大小	Alt+S	幻灯片设计
Alt+F10	最大化PPT程序窗口	Alt+N	幻灯片布局
Alt+F9	显示/隐藏参考线	Alt+U	图形

Shift组合键

快捷键	含义	快捷键	含义
Shift+Ctrl+>	增大字号	Shift+拖曳鼠标	等比插入对象
Shift+Ctrl+<	减小字号	Shift+方向键	横/纵向比例缩放对象
Shift+F3	更改字母大小写	Shift+旋转	间隔150旋转对象
Shift+拉伸	等比例缩放对象	Shift+Ctrl+拉伸	等比中心缩放对象
Shift+拖动	水平或垂直移动对象	Ctrl+Shfit+拖动	直线复制对象

功能键的应用

快捷键	含义	快捷键	含义
Shift+F3	更改字母大小写	F2	在图形和图形内文本间切换
Shift+F4	重复最后一次查找	F4	重复最后一次操作
Shift+F5	从当前幻灯片开始放映	F5	开始放映幻灯片
Shift+F9	显示/隐藏网格线	F12	执行"另存为"命令
Shift+F10	显示右键快捷菜单		

演示文稿放映中快捷键

快捷键	含义	快捷键	含义
Ctrl+P	将指针更改为注释笔	W	屏幕白屏
E	擦除屏幕上的注释	B	屏幕黑屏